职业教育人工智能领域系列教材

人工智能技术应用导论

北京博海迪信息科技有限公司　组编

主　编　潘益婷　钱月钟　章增优　马无锡

参　编　桂　凯　徐欣欣　王丽亚　周　杰　项朝辉

机械工业出版社

本书从技术应用角度介绍了人工智能、大数据等相关技术。对人工智能基础概述、技术分类、基本原理、开发平台、应用场景、案例体验等的系统介绍能使读者快速建立起对人工智能技术的全貌认识，培养读者继续深入学习人工智能技术的浓厚兴趣。

本书共9章内容，内容包括：人工智能概述、Python语言基础、机器学习与深度学习、计算机视觉、语音处理、自然语言处理、人工智能与大数据、智能机器人项目应用、新一代人工智能的发展与思考。本书融入课程思政元素，致力于不断提升读者的课程学习体验、学习效果，将价值塑造、知识传授和能力培养三者融为一体。

本书可作为高等职业院校人工智能技术基础相关公共课教材，也可作为各类培训机构的人工智能、大数据、物联网、计算机、软件技术等相关专业的教材。本书也非常适合对人工智能、大数据等感兴趣的读者，以及需要快速了解人工智能全貌，为后续深入学习奠定基础的相关专业学生。

为方便教学，本书配备电子课件、在线课程等教学资源。凡选用本书作为教材的教师均可登录机械工业出版社教育服务网（www.cmpedu.com）注册后免费下载。如有问题请致信cmpgaozhi@sina.com，或致电010-88379375联系营销人员。

图书在版编目（CIP）数据

人工智能技术应用导论／北京博海迪信息科技有限公司组编；潘益婷等主编. —北京：机械工业出版社，2022.8（2023.7重印）

职业教育人工智能领域系列教材

ISBN 978-7-111-71480-4

Ⅰ.①人… Ⅱ.①北… ②潘… Ⅲ.①人工智能-高等职业教育-教材 Ⅳ.①TP18

中国版本图书馆CIP数据核字（2022）第154741号

机械工业出版社（北京市百万庄大街22号 邮政编码100037）

策划编辑：赵志鹏 责任编辑：赵志鹏
责任校对：刘雅娜 贾立萍 封面设计：马精明
责任印制：张 博

北京建宏印刷有限公司印刷

2023年7月第1版·第2次印刷
184mm×260mm·14.75印张·363千字
标准书号：ISBN 978-7-111-71480-4
定价：48.00元

电话服务 网络服务
客服电话：010-88361066 机 工 官 网：www.cmpbook.com
  010-88379833 机 工 官 博：weibo.com/cmp1952
  010-68326294 金 书 网：www.golden-book.com
封底无防伪标均为盗版 机工教育服务网：www.cmpedu.com

前 言
Preface

人工智能（Artificial Intelligence，AI）技术的发展已经有 70 多年的历史。近几年来，在 AI 技术突破和应用场景日益增加的推动下，人工智能正在深刻影响着诸多行业，例如交通、零售、能源、化工、制造、金融、医疗、天文地理、智慧城市等，引起经济结构、社会生活和工作方式的深刻变革，成为经济发展的新引擎，促进数字经济和实体经济深度融合，赋能传统产业转型升级，催生新产业新业态新模式。

人工智能技术在全球发展中的重要作用已引起国际范围内的广泛关注和高度重视，多个国家已将人工智能技术提升至关乎国家竞争力、国家安全的重大战略地位，并出台了相关政策和规划，从国家机构、战略部署、资本投入、政策导向、技术研发、人才培养、构建产业链和生态圈等方面集中发力，力求在未来全球竞争中抢占科技的制高点。我国人工智能发展被提升到国家战略高度，开启了我国人工智能变革与创新的新时代。

人工智能技术及产业的蓬勃发展必然带来对人工智能人才的迫切需求，尤其是对实用型、创新型、复合型人才的需求。但现在我国人工智能领域的高端人才尤为紧缺，快速培养大量素质高、专业技术全面、技能熟练的大国工匠、高技能人工智能人才成为当代社会的重要任务。

泰克教育深耕信息与通信技术教育行业 19 年，在人才培养、教材研发、实训云平台开发等诸多方面都取得了非常好的成绩。在 2019 年 3 月，泰克教育推出了"泰克人工智能创新实践平台"，在广泛的实践过程中取得了良好的应用效果。基于在 ICT 行业的经验积累和在人工智能方面教学成果的沉淀，泰克教育组织多所院校老师，参与编写了本套"职业教育人工智能领域系列教材"，通过完备的人工智能技术知识的阐述与分析，让读者更好地了解人工智能技术。

本书共分 9 章，第 1 章介绍人工智能概述，包括人工智能特征、发展历程、发展现状及关键技术等；第 2 章介绍 Python 语言基础，包括 Python 的特点及应用、开发环境，并通过融入思政元素的案例介绍 Python 基础语法、网络爬虫、数据分析及数据可视化等；第 3 章介绍机器学习与深度学习的应用场景、基本原理、技术发展及案例体验等；第 4 章介绍计算机视觉的应用场景、基础原理、应用开发及案例体验等；第 5 章介绍语音处理的应用场景、基本原理、技术发展及案例体验等；第 6 章介绍自然语言处理的应用场景、基本方法、研究方向、发展现状、关键技术及案例体验等；第 7 章介绍人工智能与大数据的应用场景、基本原理、技术发展及案例体验等；第 8 章介绍智能机器人项目应用的应用场景、技术实现及案例体验等；第 9 章介绍新一代人工智能的发展与思考，包括发展趋势、安全、伦理与隐私等。

本书具有如下特色：

（1）开发理念：坚持德技并修，提高"五育并举、融合育人"水平。本书致力于提升读者的课程学习体验、学习效果，将价值塑造、知识传授和能力培养三者融为一体，使读者快速了解人工智能全貌，为后续深入学习奠定基础，并树立"科技兴国、科技强国、科技报国"的使命感。

（2）内容设计：引入企业案例，服务"高素质、高技能"人才培养。本书从技术应用角度讲述机器学习、深度学习、计算机视觉、语音处理、自然语言处理、智能机器人等相关技术。通过仿真案例、引入企业实际案例等，对人工智能基础概述、技术分类、基本原理、开发平台、应用场景、案例体验等展开系统介绍。

（3）教学资源：建设多元化资源，推动"教师、教材、教法"三教改革。本书提供课程教学资源包，包括微课、实例、源代码、电子课件 PPT 及习题等，将在中国大学 MOOC 等在线学习平台开设线上课程，方便开展线上线下混合式教学。

（4）编写团队：发挥双师特色，打造"高水平、结构化"教材编写团队。本书编写团队中有华中科技大学毕业的博士，杭州电子科技大学、武汉工程大学等院校毕业的硕士，由三位副教授和拥有淘宝（中国）软件有限公司、杭州华三通信技术有限公司、每日互动股份有限公司等企业工作经历的教师组成，有着丰富的实践经验和教学经验，较强的科研能力和教材编写能力。

本书由潘益婷、钱月钟、章增优、马无锡主编，桂凯、徐欣欣、王丽亚、周杰、项朝辉参与了编写。感谢北京博海迪信息科技有限公司、温州市高等职业教育教材建设研究中心、温州市智能物联技术与应用协同创新中心等的各位专家、学者的指导。另外，本书引用了一些专著、教材、论文，以及网络上的成果、素材或图文，受篇幅限制没有在参考文献中一一列出，在此一并向原创作者表示衷心感谢。

由于人工智能技术发展迅速，作者自身水平有限，书中难免有错误及不妥之处，恳请广大读者提出宝贵意见！编者联系邮箱：zjitc_pyt@qq.com。

期望本书的出版，能够为高等职业院校及各类培训学校相关专业学生、广大爱好者了解人工智能、学习人工智能技术起到快速入门的指导作用，为后续深入学习奠定基础！

编　者

二维码索引

（续）

名称	图形	页码	名称	图形	页码
语音处理基本原理及技术发展现状		115	案例体验2：TF－IDF关键词提取		163
案例1：语音信号预处理		128	应用场景（上）		167
自然语言处理概述（1）		140	应用场景（下）		167
自然语言处理概述（2）		140	基本原理及技术发展现状（上）		172
自然语言处理概述（3）		140	基本原理及技术发展现状（下）		172
自然语言处理关键技术		154	案例体验		183
案例体验1：分词		161	新一代人工智能发展趋势		215

目　录
Contents

第1章
人工智能概述

技能目标

　　学会操作使用实验室里某几款人工智能产品，完成沉浸式体验。

知识目标

　　掌握人工智能的概念；熟悉人工智能发展历程以及三次浪潮及不同阶段的特点；理解人工智能几种关键技术的简略解读，并了解它对应的相关应用领域。

素质目标

　　提升人工智能应用领域的创新性思维和认知，了解对比国内外人工智能发展的现状；提高战略性新兴产业发展定位认知，思考人工智能产业与未来就业岗位的关联度。

1.1　无处不在的人工智能

1.1.1　什么是人工智能

1. 无处不在的人工智能话题

　　人工智能是个很宽泛的话题，提起它，不免会与电影的素材和情节联系在一起，比如《终结者》《星球大战》《太空漫游》等，但这些电影是虚构的，所以给人们造成一种不真实感。现如今，人工智能已走进各个真实的领域，并在各个真实的生活场景、工作场景中得以应用，比如智能驾驶（见图 1-1）、扫地机器人、智能炒菜机（见图 1-2）、智慧医疗器械等。伴随着互联网的发展，生活中很多互联网工具已经是融入了人工智能技术，只是人们还没意识到，比如百度的搜索引擎和定位导航系统、智能手机的应用 App、汽车防抱死智能系统，这些应用在业内可以简单地被称为弱人工智能。

图 1-1　智能驾驶

图 1-2　智能炒菜机

2. 人工智能的定义

人工智能，英文全称是 Artificial Intelligence，英文缩写为 AI，1956 年，由约翰·麦卡锡（John McCarthy）首次提出，当时的定义为"制造智能机器的科学与工程"。人工智能的目的就是让机器能够像人一样思考，让机器拥有智能。时至今日，人工智能的内涵已经大大扩展。它是一门交叉学科。它的基础是哲学、数学、经济学、神经科学、心理学、计算机科学和语言学等，如图 1-3 所示。AI 的定义很宽泛，用 IT 的方式去简要地解读，可以理解成计算机程序。它是一种让人觉得不可思议的计算机程序、是一种与人类思考方式相似的计算机程序、也是一种与人类行为相似的计算机程序、又是一种会学习的计算机程序、更是一种根据对环境的感知做出合理的行动并获得最大收益的计算机程序。中国科学院院士谭铁牛的观点普遍被业内认可。他认为，人工智能是研究、开发用于模拟、延伸和扩展人的智能理论、方法、技术及应用系统的一门新的技术科学。研究目的是促使智能机器会听（语音识别、机器翻译等）、会看（图像识别、文字识别等）、会说（语音合成、人机对话等）、会思考（人机对弈、定理证明等）、会学习（机器学习、知识表示等）、会行动（机器人、自动驾驶等）。人工智能是计算机科学的一个分支，它试图了解智能的实质，并生产出一种新的能以人类智能相似的方式做出反应的智能机器。

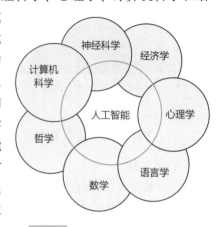

图 1-3　人工智能的交叉学科

1.1.2　人工智能特征

人工智能的发展，经过了孕育、诞生、早期的热情、现实的困难等数个阶段。它的主要特征表现在如下几个方面。

1. 人类设计，服务人类

从根本上说，人工智能系统必须以人为本，这些系统是人类设计出的机器，按照人类设定的程序逻辑或软件算法通过人类发明的芯片等硬件载体来运行或工作，其本质体现为计算，通过对数据的采集、加工、处理、分析和挖掘，形成有价值的信息流和知识模型，为人类提供延伸人类能力的服务，实现对人类期望的一些"智能行为"的模拟，在理想情况下必须体现服务人类的特点，而不应该伤害人类，特别是不应该有目的性地做出伤害人类的行为。

2. 能感知环境，能与人交互

人工智能系统应能借助传感器等器件产生对外界环境（包括人类）进行感知的能力，可以像人一样通过听觉、视觉、嗅觉、触觉等接收来自环境的各种信息，对外界输入产生文字、语音、表情、动作（控制执行机构）等必要的反应，甚至影响到环境或人类。借助于按钮、键盘、鼠标、屏幕、手势、体态、表情、力反馈、虚拟现实/增强现实等方式，人与机器间可以产生交互与互动，使机器设备越来越"理解"人类乃至与人类共同协作、优势互补。这样，人工智能系统能够帮助人类做人类不擅长、不喜欢但机器能够完成的工作，而人类则适合于去做更需要创造性、洞察力、想象力、灵活性、多变性乃至用心领悟或需要感情的一些工作。

3. 有适应特性，有学习能力

人工智能系统在理想情况下应具有一定的自适应特性和学习能力，即具有一定的随环境、数据或任务变化而自适应调节参数或更新优化模型的能力；并且，能够在此基础上通过与云、端、人、物越来越广泛地深入数字化连接扩展，实现机器客体乃至人类主体的演化迭代，以使系统具有适应性、灵活性、扩展性，来应对不断变化的现实环境，从而使人工智能系统在各行各业产生丰富的应用。

1.1.3　人工智能的四个要素

1. 算法（Algorithm）

在人工智能领域里，算法是指如何解决一类问题的明确规范。算法可以执行计算、数据处理和自动推理任务，基本上就是可规量化的计算方式。算法的主要作用是训练模型。它有4 个特征：可行性、确定性、有穷性和拥有足够的情报。主流的算法主要分为传统的机器学习算法和神经网络算法，包括深度学习算法、回归算法、决策树算法、博弈算法、遗传算法等。神经网络算法发展迅速，近年来因为深度学习的发展而到了高潮。

2. 算力（Computing Power）

算力（也称哈希率）是比特币网络处理能力的度量单位，即为计算机（CPU）计算哈希函数输出的速度。在人工智能领域，算力是对数据进行计算的时间单位。人工智能的发展对算力提出了更高的要求。其中 GPU 领先其他芯片，在人工智能领域中用得最广泛。GPU 和 CPU 都擅长浮点计算，一般来说，GPU 做浮点计算的能力是 CPU 的 10 倍左右。另外，深度学习加速框架通过在 GPU 上进行优化，再次提升了 GPU 的计算性能，有利于加速神经网络的计算。

3. 大数据（Big Data）

大数据是人工智能发展的基础保障，是人工智能这台机器高速运转的燃料。没有大数据的支撑，人工智能就没有了燃料，谈不上发展。算力是人工智能发展的技术保障，是人工智能发展的动力和引擎。二者都是人工智能密不可分的部分。同时，人工智能的发展和应用又会反过来提升大数据和算力的技术革新。

4. 场景（AI Scene）

人工智能在很多领域都可以得到应用，不仅可以解放劳力、提高工作效率，还可以在某些方面完成人类无法触及的工作细节，同时也在很多方面给人类带来巨大的经济效益。常见的人工智能应用场景有智能机器人（智能外呼机器人和智能客服机器人）、智能音箱、医学影像、人脸识别、无人驾驶等。无人驾驶汽车是智能汽车的一种，也称为轮式移动机器人，主要依靠车内的以计算机系统为主的智能驾驶仪来实现无人驾驶。无人驾驶汽车集自动控制、体系结构、人工智能、视觉计算等众多技术于一体，是计算机科学、模式识别和智能控制技术高度发展的产物，也是衡量一个国家科研实力和工业水平的重要标志，在国防和国民经济领域具有广阔的应用前景。

我国自主研制的无人车——由国防科技大学自主研制的红旗 HQ3 无人车，2011 年 7 月14 日首次完成了从长沙到武汉 286 千米的高速全程无人驾驶实验，创造了我国自主研制的无人车在一般交通状况下自主驾驶的新纪录，标志着我国无人车在环境识别、智能行为决策和控制等方面实现了新的技术突破。

扫码看视频

1.2　人工智能发展历程

1.2.1　三次浪潮简介

1. 世界领域发展概况

纵观世界 IT 技术的革新，人工智能发展的历史是短暂而曲折的，总共经历了三次大浪潮，但它点滴的进步都有效推动了社会的发展。人工智能的发展历程始终与计算机技术的发展牢牢地结合在一起，相信未来给人类社会带来的各领域改变也将是辉煌而不可预估的。"人工智能"这一概念提出后，无数的科学家前赴后继对此进行研究，为使机器智能化和人性化不断努力奋斗。从它的诞生到经历寒冬再走向世界发展的新势头，是一个跌宕起伏的朝阳趋势，如图 1-4 所示。

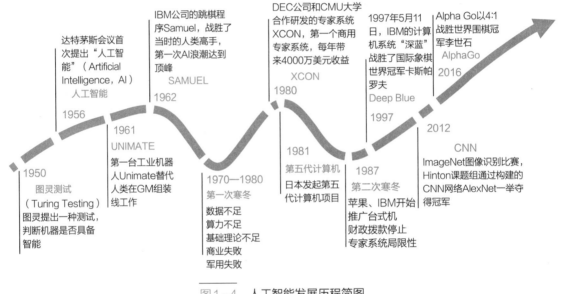

图 1-4　人工智能发展历程简图

2. 中国发展概况

我国在人工智能领域的起步落后于其他科技发达国家。经过多年的持续积累，我国也取得了重要进展，国际科技论文发表量和发明专利授权量已居世界第二，部分领域核心关键技术实现重要突破。我国拥有庞大的市场前景，因此人工智能产业链的形成，是支撑人工智能后续发展的活力来源。

人工智能产业链分为基础层、技术层和应用层，如图 1-5 所示。基础层主要提供算力和数据支持，主要涉及数据的来源与采集，包括 AI 芯片、AI 平台以及 AI 框架等。技术层处理数据的挖掘、学习与智能处理，是连接基础层与具体应用层的桥梁，主要包括机器学习、知识图谱、计算机视觉、自然语言处理、语音识别等。应用层针对不同的场景，将人工智能技术进行应用，进行商业化落地，主要应用领域有农业、安防、医疗、金融、教育等。目前，我国的人工智能企业主要集中在北京、广东、上海和浙江，北京的人工智能发展已经步入快车道。

图 1-5　产业链知名企业分布图谱（需要）

根据元创咨询测算，2021 年全年，全球人工智能核心产业市场规模达 8655 亿元，同比增长 27.7%。

首先，深度学习日趋成熟。数据的爆发式增长为人工智能提供了充分的条件，根据 IDC 统计，2020 年，全球创造的数据总量达到 59ZB。预计到 2025 年，全球数据总量将达到 175ZB，我国数据量将达到 48.6ZB，占全球的 27.8% 左右。深度学习的出现突破了过去机器学习领域浅层学习算法的局限，颠覆了语音识别、语义理解、计算机视觉等基础应用领域的算法设计思路。算力方面，GPU、NPU、FPGA 等专用芯片的出现，使数据处理速度不再是人工智能发展的瓶颈。

其次，国家政策落地扶持。以国务院 2017 年 7 月 8 日印发的《新一代人工智能发展规划》为例，作为我国人工智能发展的顶层战略，《规划》分别从产品、企业和产业层面分层次落实发展任务，对基础的应用场景、具体的产品应用等做了全面的梳理。

最后，国内资本的投入力度加大。过去 10 年，对于人工智能来说，是一个从 0 到 1 的探索过程，科技创新之路已经悄然兴起，国内人工智能应用层面创新加速的条件已经成熟。全球正在从"互联网＋"向"AI＋垂直细分领域"转型。"AI＋"让人工智能逐渐融入各个传统行业，对行业进行改造。"AI＋"时代，以深度学习等关键技术为核心，以云计算、生物识别、视频识别等数据或计算能力为基础支撑，推动人工智能在金融、医疗、交通、安防、文娱、农业、教育等领域将应用场景落地生根，创造出更大价值。

1.2.2　人工智能的诞生

1. 控制论与早期神经网络

20 世纪 30 年代末到 50 年代初，一系列科学进展交汇形成最初的人工智能研究。神经学研究发现大脑是由神经元组成的电子网络，其激励电平只存在"有"和"无"两种状态，不存在中间状态。维纳的控制论描述了电子网络的控制和稳定性。后来，克劳德·香农提出的信息论则描述了数字信号（即高低电平代表的二进制信号）。图灵的计算理论证明数字信号足以描述任何形式的计算。在"二战"期间，因为负责盟军通信加解密的工作，图灵和香农有多次机会见面交流通信和密码学，他们也多次探讨了他们的共同爱好——人工智能以及机器

图 1-6　IBM 702

下棋。他们这些密切相关的想法暗示了构建电子大脑的可能性。

最早描述"神经网络"的学者 Walter Pitts 和 Warren McCulloch 分析了理想化的人工神经元网络，并且指出了它们进行简单逻辑运算的机制。他们的学生马文·闵斯基，1951 年与 Dean Edmonds 一道建造了第一台神经网络机，称为 SNARC。1953 年，IT 巨头 IBM 公司推出了 IBM 702，如图 1-6 所示，成为第一代 AI 研究者使用的计算机。

2. 人工智能之父

艾伦·麦席森·图灵（Alan Mathison Turing），1912 年 6 月 23 日生于英国伦敦，数学家、逻辑学家，被称为计算机科学之父，人工智能之父。艾伦·麦席森·图灵少年时就表现出独特的直觉创造能力和对数学的爱好。后来为了纪念图灵的贡献，美国计算机协会设立图灵奖，以表彰在计算机科学中做出突出贡献的人，图灵奖被喻为"计算机界的诺贝尔奖"。

1949 年，图灵成为曼彻斯特大学（University of Manchester）计算实验室的副院长，致力研发运行 Manchester Mark 1 型号储存程序式计算机所需的软件。1950 年他发表论文《计算机器与智能》（Computing Machinery and Intelligence），为后来的人工智能科学提供了开创性的构思。他提出著名的"图灵测试"，如图 1-7 所示，指出如果第三者无法辨别人类与人工智能机器反应的差别，则可以论断该机器具备人工智能。

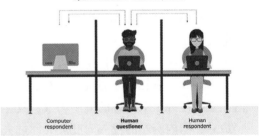

图 1-7　图灵测试

1956 年图灵的这篇文章以"机器能够思维吗？"为题重新发表。此时，人工智能也进入了实践研制阶段。图灵的机器智能思想无疑是人工智能的直接起源之一。而且随着人工智能领域的深入研究，人们越来越认识到图灵思想的深刻性；它们如今仍然是人工智能的主要思想之一。

3. 达特茅斯会议

1956 年 8 月，在美国汉诺斯小镇宁静的达特茅斯学院中，约翰·麦卡锡（John McCarthy）、马文·闵斯基（Marvin Minsky，人工智能与认知学专家）、克劳德·香农（Claude Shannon，信息论的创始人）、艾伦·纽厄尔（Allen Newell，计算机科学家）、赫伯

特·西蒙（Herbert Simon，诺贝尔经济学奖得主）等
科学家正聚在一起（见图 1 - 8），讨论着一个这样的
主题：用机器来模仿人类学习以及其他方面的智能。
会议足足开了两个月的时间，虽然大家没有达成普遍
的共识，但是却为会议讨论的内容起了一个名字：人
工智能。会议首次提出 "人 工 智 能（Artificial
Intelligence，AI）" 这一概念，标志着人工智能学科的
诞生。因此，1956 年也就成了人工智能元年。他们中
的每一位在未来很长的时间都对人工智能领域产生了
举足轻重的影响。

图 1 - 8　达特茅斯会议主要成员合影

1.2.3　第一次浪潮

达特茅斯会议之后，人工智能迎来了发展的黄金时期，出现了大量的研究成果。通常认
定 1950 ~ 1970 年，这 20 年时间跨度，是人工智能发展的第一次浪潮；同时在 1970 年后的十
年间，人工智能发展经历了第一次寒冬低谷。

1. 第 1 台工业机器人

1961 年，Unimation 公司生产的世界上第一台工业机器人在美国新泽西的通用汽车公司安
装运行。这台工业机器人用于生产汽车的门、车窗把柄、换档旋钮、灯具固定架，以及汽车
内部的其他硬件等。遵照磁鼓上的程序指令，Unimate 机器人 4000 磅重的手臂可以按次序堆
叠热压铸金属件。Unimate 机器人成本耗资 65000 美元，但 Unimation 公司开始售价仅为 18000
美元，大量推广应用后获得可观盈利。

2. 学术成果

1950 ~ 1970 年，人工智能的发展在数学和计算领域涌现出一些不错的研究学术成果。

Herbert Simon、J. C. Shaw、Allen Newell 创建了通用解题器（General Problem Solver，
GPS），这是第一个将待解决的问题的知识和解决策略相分离的计算机程序。

Nathanial Rochester 的几何问题证明器（Geometry Theorem Prover）可以解决一些让数学系
学生都觉得棘手的问题。

Daniel Bobrow 的程序 STUDENT 可以解决高中程度的代数题。

McCarthy 主导的 LISP 语言成为之后 30 年人工智能领域的首选。

Minsky、Seymour Aubrey 提出了微世界（Micro world）的概念，大大简化了人工智能的场
景。微世界程序的最高成就是 Terry Winograd 的 SHRDLU，它能用普通的英语句子与人交流，
还能做出决策并执行操作。

3. 第一次低谷

人们的乐观情绪在 20 世纪 70 年代渐渐被浇灭，最尖端的人工智能程序也只能解决他们
尝试解决的问题中的最简单的一部分。人工智能还遭遇了以下一些问题。

只依靠简单的结构变化无法扩大化以达到目标。存储空间和计算能力也出现严重不足的
情况。

指数级别攀升的计算复杂性，许多问题只能在指数级别的时间内获解，即计算时间与输

入的规模的幂成正比。

缺乏基本知识和推理能力。研究者发现，就算是对儿童而言的常识，对程序来说也是巨量信息。

随着人工智能发展遭遇瓶颈，资金纷纷抛弃人工智能领域。由于项目失败等原因，DARPA也终止了对 MIT 的拨款。到了 20 世纪 70 年代中期，人工智能项目已经很难找到资金支持。

1.2.4 第二次浪潮

1. 第一个专家系统

1965 年世界上第一个专家系统 DENDRAL 问世。所谓专家系统，是指模拟人类专家，应用特定的知识和一定的推理方法解决专门领域问题的计算机系统，如图 1-9 所示。DENDRAL 作为世界第一个专家系统，由美国斯坦福大学的费根鲍姆教授于 1965 年开发。DENDRAL 是一个化学专家系统，能根据化合物的分子式和质谱数据推断化合物的分子结构。

20 世纪 70 年代，专家系统趋于成熟，专家系统的观点也开始广泛地被人们接受。20 世纪 70 年代中期先后出现了一批卓有成效的专家系统，在医疗领域尤为突出。MYCIN 就是其中最具代表性的专家系统。20 世纪 80 年代中期以后，专家系统的发展在应用上最明显的特点是出现了大量的投入商业化运行的系统，并为各行业产生了显著的经济效益。

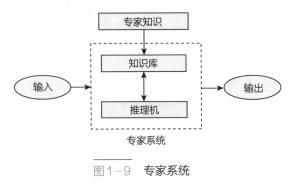

图 1-9 专家系统

2. 学术成果

1982 年，John Joseph Hopfield 发明神经网络，业界称为 Hopfield 神经网络。它的特点是每个神经元既是输入也是输出，网络的权值不是通过训练出来的，而是按照一定规则计算出来的，有限次递归后输出稳定（振荡、混沌）。Hopfield 神经网络的发明意义深远，它是递归神经网络（RNN）的前身，深度学习算法起源于这里，这之后又发明了玻尔兹曼机、深度置信网络、卷积神经网络、递归神经网络等。

1986 年，David E. Rumelhart、Geoffrey E. Hinton 和 Ronald J. Williams 提出反向传播（Backpropagation）算法。

1989 年，LeCun 发明了卷积神经网络-LeNet，并将其用于数字识别，且取得了较好的成绩，不过当时并没有引起足够的注意。

3. 第二次低谷

随着人工智能的应用规模逐步扩大，专家系统存在的应用领域狭窄、缺乏常识性知识、知识获取困难、推理方法单一、缺乏分布式功能、难以与现有数据库兼容等问题逐渐暴露出来。与此同时，苹果、IBM 开始推广第一代台式机，其费用远远低于专家系统所使用的 Symbolics 和 Lisp 等机器。而日本开展的第五代计算机、英国开展的 Alvey 项目的相继失败，使人工智能发展再一次进入了低潮。20 世纪 80 年代末期，由于人工智能的项目成果不显著，这一领域的资本市场投入也逐渐退出。寒冬再一次到来。

1.2.5 第三次浪潮

1. Deep Blue 横空出世

1997 年 5 月 11 日，IBM 制造的超级计算机深蓝（Deep Blue），在经过多轮较量后，击败了国际象棋世界冠军卡斯帕罗夫（Garry Kasparov）。这标志着人工智能的研究到达了一个新的高度，也给人工智能做了一次大规模的宣传。

Deep Blue 基于象棋规则的搜索、剪枝；基于大量开局库、终局库的统计估值结果。

2. 深度学习算法

2006 年，深度学习专家 Hinton 提出深度学习理论，这一成果再次掀起了人工智能发展的浪潮，是第三次人工智能发展浪潮的标志。2012 年，Hinton 课题组为了证明深度学习的潜力，首次参加 ImageNet 图像识别比赛，其通过构建的 CNN 网络 AlexNet 一举夺得冠军，且碾压第二名（SVM 方法）的分类性能。也正是由于该比赛，CNN（卷积神经网络，全称：Convolutional Neural Networks）吸引到了众多研究者的注意。

3. 成果事件

2016 年 3 月 9 日，随着 AlphaGo 以 4:1 大胜围棋世界冠军李世石，有关人工智能的热情和恐慌情绪开始同时在全世界蔓延开来，也因此引发了一拨人工智能的宣传热潮。

2017 年 10 月，在沙特阿拉伯首都利雅得举行的"未来投资倡议"大会上，机器人索菲亚被授予沙特公民身份，她也因此成为全球首个获得公民身份的机器人。

1.3　人工智能发展现状及趋势

扫码看视频

1. 人工智能发展现状

人工智能是一种尖端技术，是新一轮科技革命和产业变革的重要驱动力量，它给经济、政治、社会等带来了颠覆性的影响，或将改变未来的发展格局。在 21 世纪，人工智能已逐渐成为全球各国新一轮科技战和智力战的必争之地，全球围绕人工智能领域的布局抢位日趋激烈。2021 年 7 月 8 日，世界人工智能大会在上海开幕。根据统计数据评分，全球人工智能发展状况综合排名前 10 的国家依次为：美国、中国、韩国、加拿大、德国、英国、新加坡、以色列、日本和法国。中国的综合得分为 50.6 分，美国为 66.31 分，如图 1-10 所示。

从人工智能企业城市分布来看，北京以 468 家企业个数拔得头筹；其次为旧金山，328 家企业；伦敦则位列第三，为 290 家；上海紧随其后，为 233 家；纽约排第五，为 207 家。从城市分布看，中国人工智能企业主要集中在北上广和江浙地区，美国人工智能企业则主要集中在加州、纽约州和马萨诸塞州。

自 2015 年人工智能进入国家政府工作报告以来，我国人工智能产业不断发展，人工智能企业数量也在不断攀升。

人工智能发展国际竞争日趋激烈。美国、法国、俄罗斯、欧盟都提出了自己宏伟的战略规划。2017 年 7 月 8 日，为抢抓人工智能发展的重大战略机遇，构筑我国人工智能发展的先发优势，加快建设创新型国家和世界科技强国，我国制定了人工智能发展战略目标三步走的规划。

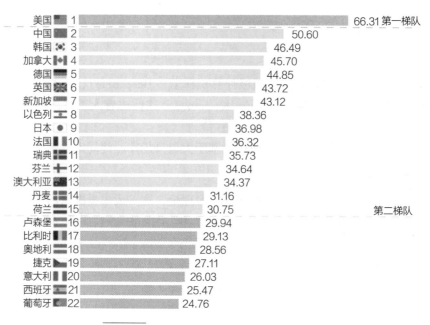

图 1-10　各国人工智能发展状况综合排名

第一步，到2020年，人工智能总体技术和应用与世界先进水平同步，人工智能产业成为新的重要经济增长点，人工智能技术应用成为改善民生的新途径，有力支撑进入创新型国家行列和实现全面建成小康社会的奋斗目标。

当下，我国新一代人工智能理论和技术取得重要进展；人工智能产业竞争力进入国际第一方阵；人工智能发展环境进一步优化，在重点领域全面开展创新应用，聚集起一批高水平的人才队伍和创新团队，部分领域的人工智能伦理规范和政策法规初步建立。

第二步，到2025年，人工智能基础理论实现重大突破，部分技术与应用达到世界领先水平，人工智能成为带动我国产业升级和经济转型的主要动力，智能社会建设取得积极进展。

第三步，到2030年，人工智能理论、技术与应用总体达到世界领先水平，成为世界主要人工智能创新中心，智能经济、智能社会取得明显成效，为跻身创新型国家前列和经济强国奠定重要基础。

2. 人工智能发展趋势

在未来的数十年里，人工智能有可能会极大地改变人类社会结构和生存方式。人工智能技术加速融入经济社会发展各领域全过程已是大势所趋。人工智能在重组全球要素资源、重塑全球经济结构、改变全球竞争格局方面将发挥出重要作用。我国面临中华民族伟大复兴战略全局和世界百年未有之大变局，将以国内国际两个大局、发展安全两件大事为出发点，充分发挥海量数据和丰富应用场景优势，促进人工智能与实体经济深度融合，赋能传统产业转型升级，催生新产业新业态新模式，在加强核心技术攻关、加快新型基础设施建设、推动人工智能和实体经济融合发展、规范行业发展和完善行业治理等方面持续发力，促进人工智能创新发展。

（1）基础设施升级，拓展人工智能应用场景

我国华为的5G技术在全球具有绝对的领先优势和主导地位。5G在我国进入商用后，它

的高带宽、低时延、广连接，成为产业变革、万物互联的新基础设施。其次，支撑大量设备的实时在线和海量数据的传输，使企业实时获得数据量的有效时间得到大幅提升，为更多人工智能应用提供可能；另外，随着 5G 部署范围的拓展，基于 5G 之上的超高清视频等应用将迎来增长，人工智能在其中大有用武之地。

（2）人机协同带来全新业务模式

复杂场景下，机器不能完全代替人类；考虑到能力、效率、成本因素，人机协同模式将成为未来的主流 。人机协同的模式是以知识图谱为支撑进行推理、推荐，并进行人和机器资源的合理配置。根据场景需求不同，人机协同方式包括冗余、互补和混合三种方式。人机协同可以逐步提高机器的自主判断能力，工作模式稳步进化。例如：智慧餐厅场景、智慧安防。

（3）产业智能互联

产业互联网实现了产业链各环节的数据打通。人工智能的应用将从企业内部智能化延伸到产业智能化。实现采购、制造、流通等环节的智能协同，进一步发挥产业互联网的价值，提升产业整体效率。未来将有更多的行业走向产业智能互联。例如：零售电商"双十一"，商家参考电商平台的销量趋势预测数据备货，库存调度系统按配送路径最短发货。

3. 人们对人工智能发展的担忧

有许多声音警告说，失控的人工智能可能会威胁就业，甚至人类生存。比如：人工智能将消除的就业机会比创造的更多，并会导致更大的收入不平等；绝大多数人相信富人会从人工智能中获益，而近一半的人预计穷人会受到伤害；有很多人预计人工智能生成的"深度伪造（Deepfake）"音频和视频将削弱公众对真实事物的信任。

1.4　人工智能关键技术概述

人工智能技术包含了机器学习、知识图谱、自然语言处理、人机交互、计算机视觉、生物特征识别、增强现实/虚拟现实七个关键技术，每种技术的分支细节如图 1-11 所示。

扫码看视频

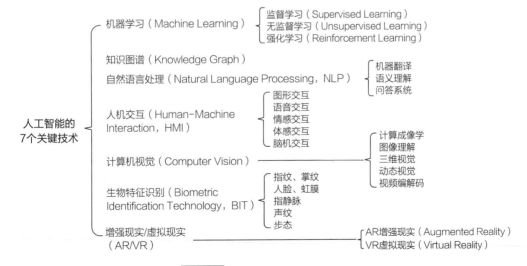

图 1-11　人工智能七个关键技术

1.4.1 机器学习（Machine Learning）

机器学习（Machine Learning）是一门涉及统计学、系统辨识、逼近理论、神经网络、优化理论、计算机科学、脑科学等诸多领域的交叉学科，研究计算机怎样模拟或实现人类的学习行为，以获取新的知识或技能，重新组织已有的知识结构使之不断改善自身的性能，是人工智能技术的核心。基于数据的机器学习是现代智能技术中的重要方法之一，研究从观测数据（样本）出发寻找规律，利用这些规律对未来数据或无法观测的数据进行预测。根据学习模式、学习方法以及算法的不同，机器学习存在不同的分类方法。

根据学习模式将机器学习分为监督学习、无监督学习和强化学习等。

根据学习方法可以将机器学习分为传统机器学习和深度学习。

1.4.2 知识图谱（Knowledge Graph）

知识图谱本质上是结构化的语义知识库，是一种由节点和边组成的图数据结构，以符号形式描述物理世界中的概念及其相互关系，其基本组成单位是"实体—关系—实体"三元组，以及实体及其相关"属性—值"对。不同实体之间通过关系相互联结，构成网状的知识结构。在知识图谱中，每个节点表示现实世界的"实体"，每条边为实体与实体之间的"关系"。通俗地讲，知识图谱就是把所有不同种类的信息连接在一起而得到的一个关系网络，提供了从"关系"的角度去分析问题的能力。

知识图谱可用于反欺诈、不一致性验证、组团欺诈等公共安全保障领域，需要用到异常分析、静态分析、动态分析等数据挖掘方法。特别地，知识图谱在搜索引擎、可视化展示和精准营销方面有很大的优势，已成为业界的热门工具。但是，知识图谱的发展还有很大的挑战，如数据的噪声问题，即数据本身有错误或者数据存在冗余。随着知识图谱应用的不断深入，还有一系列关键技术需要突破。

1.4.3 自然语言处理（Natural Language Processing，NLP）

自然语言处理是计算机科学领域与人工智能领域中的一个重要方向，研究能实现人与计算机之间用自然语言进行有效通信的各种理论和方法，涉及的领域较多，主要包括机器翻译、语义理解和问答系统等。

1. 机器翻译

机器翻译技术是指利用计算机技术实现从一种自然语言到另外一种自然语言的翻译过程。基于统计的机器翻译方法突破了之前基于规则和实例翻译方法的局限性，翻译性能取得巨大提升。基于深度神经网络的机器翻译在日常口语等一些场景的成功应用已经显现出了巨大的潜力。随着上下文的语境表征和知识逻辑推理能力的发展，自然语言知识图谱不断扩充，机器翻译将会在多轮对话翻译及篇章翻译等领域取得更大进展。

2. 语义理解

语义理解技术是指利用计算机技术实现对文本篇章的理解，并且回答与篇章相关问题的过程。语义理解更注重于对上下文的理解以及对答案精准程度的把控。随着 MCTest 数据集的发布，语义理解受到更多关注，取得了快速发展，相关数据集和对应的神经网络模型层出不穷。语义理解技术将在智能客服、产品自动问答等相关领域发挥重要作用，进一步提高问答与对话系统的精度。

3. 问答系统

问答系统分为开放领域的对话系统和特定领域的问答系统。问答系统技术是指让计算机像人类一样用自然语言与人交流的技术。人们可以向问答系统提交用自然语言表达的问题，系统会返回关联性较高的答案。尽管问答系统目前已经有了不少应用产品出现，但大多是在实际信息服务系统和智能手机助手等领域中的应用，在问答系统鲁棒性方面仍然存在着问题和挑战。

自然语言处理面临四大挑战：

1）在词法、句法、语义、语用和语音等不同层面存在不确定性；

2）新的词汇、术语、语义和语法导致未知语言现象的不可预测性；

3）数据资源的不充分使其难以覆盖复杂的语言现象；

4）语义知识的模糊性和错综复杂的关联性难以用简单的数学模型描述，语义计算需要参数庞大的非线性计算。

1.4.4　人机交互（HMI）

人机交互主要研究人和计算机之间的信息交换，主要包括人到计算机和计算机到人的两部分信息交换，是人工智能领域重要的外围技术。人机交互是与认知心理学、人机工程学、多媒体技术、虚拟现实技术等密切相关的综合学科。传统的人与计算机之间的信息交换主要依靠交互设备进行，主要包括键盘、鼠标、操纵杆、数据服装、眼动跟踪器、位置跟踪器、数据手套、压力笔等输入设备，以及打印机、绘图仪、显示器、头盔式显示器、音箱等输出设备。人机交互技术除了传统的基本交互和图形交互外，还包括语音交互、情感交互、体感交互及脑机交互等技术。

1.4.5　计算机视觉（Computer Vision）

计算机视觉是一门研究如何使机器"看"的科学，更进一步说，就是指用摄影机和计算机代替人眼对目标进行识别、跟踪和测量等，并进一步做图形处理，使计算机处理成为更适合人眼观察或传送给仪器检测的图像。近来随着深度学习的发展，预处理、特征提取与算法处理渐渐融合，形成端到端的人工智能算法技术。根据解决的问题不同，计算机视觉可分为计算成像学、图像理解、三维视觉、动态视觉和视频编解码五大类。

1.4.6　生物特征识别（BIT）

生物特征识别技术是指通过个体生理特征或行为特征对个体身份进行识别认证的技术。从应用流程看，生物特征识别通常分为注册和识别两个阶段。注册阶段通过传感器对人体的生物表征信息进行采集，如利用图像传感器对指纹和人脸等光学信息、麦克风对说话声等声学信息进行采集，利用数据预处理以及特征提取技术对采集的数据进行处理，得到相应的特征进行存储。

识别过程采用与注册过程一致的信息采集方式对待识别人进行信息采集、数据预处理和特征提取，然后将提取的特征与存储的特征进行比对分析，完成识别。从应用任务看，生物特征识别一般分为辨认与确认两种任务，辨认是指从存储库中确定待识别人身份的过程，是一对多的问题；确认是指将待识别人信息与存储库中特定单人信息进行比对，确定身份的过程，是一对一的问题。

生物特征识别技术涉及的内容十分广泛，包括指纹、掌纹、人脸、虹膜、指静脉、声纹、步态等多种生物特征，其识别过程涉及图像处理、计算机视觉、语音识别、机器学习等多项技术。目前生物特征识别作为重要的智能化身份认证技术，在金融、公共安全、教育、交通等领域得到广泛的应用。

1.4.7　增强现实/虚拟现实（AR/VR）

增强现实（AR）/虚拟现实（VR）是以计算机为核心的新型视听技术。结合相关科学技术，在一定范围内生成与真实环境在视觉、听觉、触感等方面高度近似的数字化环境。用户借助必要的装备与数字化环境中的对象进行交互，相互影响，获得近似真实环境的感受和体验，通过显示设备、跟踪定位设备、触力觉交互设备、数据获取设备、专用芯片等实现。

虚拟现实/增强现实从技术特征角度，按照不同处理阶段，可以分为获取与建模技术、分析与利用技术、交换与分发技术、展示与交互技术以及技术标准与评价体系五个方面。获取与建模技术研究如何把物理世界或者人类的创意进行数字化和模型化，难点是三维物理世界的数字化和模型化技术；分析与利用技术重点研究对数字内容进行分析、理解、搜索和知识化的方法，其难点是内容的语义表示和分析；交换与分发技术主要强调各种网络环境下大规模的数字化内容流通、转换、集成和面向不同终端用户的个性化服务等，其核心是开放的内容交换和版权管理技术；展示与交换技术重点研究符合人类习惯数字内容的各种显示技术及交互方法，以期提高人对复杂信息的认知能力，其难点在于建立自然和谐的人机交互环境；标准与评价体系重点研究虚拟现实/增强现实基础资源、内容编目、信源编码等的规范标准以及相应的评估技术。

习　题

一、选择题

1. 人工智能最早是在（　　）提出的。
   A. 1955 年　　　　　　B. 1946 年　　　　　　C. 1956 年　　　　　　D. 1945 年
2. （多选）人工智能的四个要素是（　　）。
   A. 算法　　　　　　　B. 算力　　　　　　　C. 大数据　　　　　　D. 应用场景
3. 现阶段，人工智能发展总共经历了（　　）次浪潮。
   A. 三　　　　　　　　B. 二　　　　　　　　C. 四　　　　　　　　D. 五
4. 人工智能之父是（　　），他是（　　）人。
   A. 艾伦·麦席森·图灵　英国　　　　　　　B. 约翰·麦卡锡　美国
   C. 克劳德·香农　美国　　　　　　　　　　D. 马文·闵斯基　美国
5. 1982 年，（　　）发明了神经网络，它是递归神经网络的前身，深度学习算法起源于此。
   A. John Joseph Hopfield　　　　　　　　　B. David E. Rumelhart
   C. Geoffrey E. Hinton　　　　　　　　　　D. Ronald J. Williams

6.（多选）自然语言处理包括以下哪几个技术？（　　）

    A. 机器翻译　　　　B. 语义理解　　　　C. 问答系统　　　　D. 语音交互

7.（多选）机器学习根据学习方法不同可以分为（　　）。

    A. 传统机器学习　　B. 深度学习　　　　C. 强化学习　　　　D. 监督学习

8.（多选）人机交互除了传统的基本交互和图形交互外，还包括（　　）。

    A. 语音交互　　　　B. 情感交互　　　　C. 体感交互　　　　D. 脑机交互

9.（多选）知识图谱可用于（　　）等公共安全保障领域。

    A. 反欺诈　　　　　B. 不一致性验证　　C. 组团欺诈　　　　D. 精准营销

10.（多选）生物特征识别技术涉及的内容十分广泛，包括（　　）。

    A. 掌纹　　　　　　B. 虹膜　　　　　　C. 指纹　　　　　　D. 人脸

二、思考题

1. 说说你对人工智能未来发展的展望和担忧。

2. 给大家介绍你在生活中所遇到的人工智能应用场景。

第 2 章
Python 语言基础

技能目标

会使用流程图描述算法思路；会搭建 Python 的开发环境；会利用 Python 进行网络数据爬取、数据分析和可视化。

知识目标

了解 Python 语言的发展历程、特点、应用领域，以及 Python 版本；熟悉 Python 基础语法：选择语句、循环语句、字符串等；熟悉 Python 基础应用；感受 Python 在人工智能领域的应用。

素质目标

坚持问题导向、调查研究等工作方法，了解 Python 相关岗位需求，树立职业理想，培养职业精神；提升辩证思维、创新思维能力，感受 Python 在数据分析、可视化等领域的应用。

2.1　Python 概述

2.1.1　发展

1. Python 之父

扫码看视频

Python 语言诞生于 20 世纪 90 年代，由 Guido van Rossum（吉多·范罗苏姆）设计开发。Guido 被称为 Python 之父，他非常热衷于计算机编程相关工作，1982 年，他取得 University of Amsterdam（阿姆斯特丹大学）数学和计算机硕士学位，1989 年圣诞节假期，他开始编写 Python 解释器，1991 年，第一个 Python 解释器诞生。

现在 Python 是由一个核心开发团队在维护，但 Guido 仍然起着至关重要的作用。2005 年 12 月，Guido 加入 Google，用 Python 语言为 Google 写了面向网页的代码浏览工具。2020 年 11 月，退休后的 Guido 宣布加入 Microsoft，将致力于让 Python 变得更好用。

2. 命名由来

Guido 设计开发一门致力于解决问题的编程语言，并为它取了一个简短、独特且略显神秘的名字：Python，其 Logo 如图 2-1 所示。Python 这个名字来自 Guido 所喜爱的电视剧：*Monty Python's Flying Circus*（蒙提·派森的飞行马戏团）。

图 2-1　Python Logo

3. 设计理念

Guido 希望能有这样一种语言：既能像 C 语言那样全面调用计算机功能接口，又能像 shell 那样轻松编程，功能全面，易学易用，可拓展的语言。所以他开发设计了 Python 这样一个语法简单且功能强大的编程语言。Python 从 ABC 语言发展而来（ABC 语言是 Guido 曾参与设计的一种专门为非专业程序员设计的教学语言），并结合了 shell 和 C 的特点。

Python 的设计哲学是：优雅、明确、简单。它将许多机器层面上的细节隐藏起来，凸显出逻辑层面的编程思考，这样可以让程序员能够用更少的代码表达想法，把更多精力用于考虑程序的逻辑。

Python 的宣言是：Life is short, you need Python。

这也是印在 Guido T 恤上的一句话，经过 Java 大师（Bruce Eckel）和 Python 之父（Guido）的宣传，很多程序员也都调侃：人生苦短，我用 Python。

4. 版本发展

1991 年，第一个 Python 解释器诞生；1994 年 1 月，Python1.0 正式发布；2000 年 10 月，Python2.0 发布，Python 2 的稳定版本是 Python2.7，2020 年 1 月 1 日，官方宣布停止 Python 2 的更新；2008 年 12 月，Python3.0 发布，Python 3 有比较大的升级，而且不完全兼容 Python 2，截至目前 Python 版本更新到 3.10。

5. 最受欢迎编程语言排名

Python 已经成为最受欢迎的程序设计语言之一，自它诞生以来，从名不见经传到跃居语言排行榜前三甲，堪称励志大片：2004 年以后，Python 的使用率呈线性增长，基本稳定在前十名位置；2010 年以后，得益于人工智能的迅猛发展，Python 迎来了爆发式增长，被 TIOBE 编程语言排行榜（TIOBE Programming Community Index）评为 2010 年度编程语言。TIOBE 编程社区指数是衡量编程语言流行度的指标，该榜单每月更新一次，指数基于百度、谷歌、必应等搜索引擎，以及全球技术工程师、课程和第三方供应商等。图 2-2 所示是 2002—2020 年，十大最受欢迎编程语言的变化情况，可以看出 Python 持续保持增长态势，如今已经超过 Java 成为第二受欢迎语言了。IEEE Spectrum 发布的研究报告则显示，在 2016 年排名第三的 Python 在 2017 年已经位居榜首，成为世界上最受欢迎的语言，C 和 Java 分别位居第二和第三位。

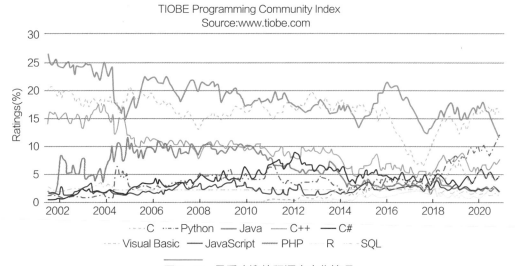

图 2-2　最受欢迎编程语言变化情况

2.1.2 　特点

Python 语言是一个语法简单且功能强大的编程语言。这里仅列举一些重要特点。

1. 简洁易读

Python 是初学者的语言，语法简单，语言简洁、易读，能用更少的代码表达想法。目前国内针对幼儿的编程学习基本采用麻省理工学院研发的可视化编程工具 Scratch，而针对青少年学习的编程语言都采用 Python。卡耐基梅隆大学的编程基础、麻省理工学院的计算机科学及编程导论等也都已采用 Python 来教授程序设计课程。

2. 免费开源

Python 从 ABC 语言发展而来，ABC 是 Guido 参加设计的一种教学语言，但是 ABC 语言并没有成功，究其原因，Guido 认为是其非开放造成的，所以 Python 设计初衷就是免费、开源的，使用者可以自由地复制、阅读、改动它。同时也会涌现很多优秀的开源工具、开源项目、开源框架等。

3. 跨平台

跨平台，也称可移植性。由于开源特性，Python 已经被移植到许多平台上，包括 Windows、Linux、Solaris 等，有很好的兼容性。

4. 易扩展

众多开源的科学计算软件包（计算机视觉库 OpenCV、三维可视化库 VTK、医学图像处理库 ITK 等）都提供了 Python 的调用接口。也可以部分程序用 C、C++或 Java 编写，然后在 Python 程序中调用它们。

5. 类库丰富

Python 拥有一个强大的标准库，提供文本处理、文件处理、系统管理、网络通信等众多功能。Python 还提供了大量的第三方模块，覆盖 Web 开发、科学计算、图形系统等多个领域。标准库是随解释器直接安装到操作系统中的功能模块，第三方库是需要经过安装才能使用的功能模块。第三方模块可以使用 Python 或 C 语言等编写，然后可以将其他语言编写的程序库转化为 Python 模块。Python 已成为一种强大的应用于其他语言与工具之间的胶水语言（glue language），在谷歌内部很多项目使用 C++编写性能要求极高的部分，然后用 Python 调用相应的模块。

2.1.3 　应用

Python 应用领域非常广泛，从简单的文字处理、应用程序开发、游戏，再到数据分析、科学计算、人工智能。可以利用 Python 进行 Web 开发、自动化测试、自动化运维、网络爬虫、数据分析、人工智能等。例如视频社交网站 YouTube、社交分享网站 Reddit、豆瓣网、知乎等，还有网络游戏 EVE 也大量使用 Python 进行开发。Python 及其扩展库所构成的开发环境适合科研人员处理实验数据、制作图标，甚至做科学计算。很多知名框架均是 Python 语言开发的，例如 Google 开源机器学习框架 TensorFlow、开源社区主推学习框架 Scikit - learn、百度开源深度学习框架 Paddle Paddle 等。

1. Web 开发

Python 经常被用于 Web 开发，非常便于功能扩展，尤其是 Python 有很多优秀的 Web 开发框架，如 Django、flask 等，开发效率高，易维护，程序员可以更轻松地开发和管理复杂的 Web 程序。

2. 自动化测试

自动化测试就是用工具（程序）代替或辅助人做一些测试工作。Python 广泛应用于自动化测试，如 UI 自动化测试、接口测试、性能测试、安全性测试、兼容性测试等。Python 自动化测试框架也有很多，如 Robot Framework 框架是最流行的 Python 自动化测试框架，完全用 Python 开发，对验收测试非常有用；UnitTest 是一种标准化的针对单元测试的 Python 自动化测试框架。另外，非常流行的 Selenium 框架，也支持 Python 语言。

3. 自动化运维

运维工作繁杂、重复，业务频繁更新上线，业务访问量突增等都给传统运维带来极大考验，而且运维人员通常要管理上百、上千台服务器，如何让运维工作变得简单、快速、准确，就是自动化运维要解决的问题。自动化运维就是通过写脚本实现对服务器集群的自动化管理。一般来说，自动化运维需具备：自动化、易实现、跨平台、轻量级这 4 个优点，而运维人员一般编程能力偏弱、算法能力偏弱，但熟悉运维工作，所以 Python 语言是其首选，因为 Python 学习简单，拥有丰富的库，如 ansible，有大量 Python 编写的运维工具，如 salt，而且 Python 是一种跨平台语言。

4. 网络爬虫

个人、单位或搜索引擎都需要从网站上爬取大量数据来获取信息，这就产生了网络爬虫，网络爬虫也称网络蜘蛛或网络机器人，是一个自动下载网页的计算机程序或自动化脚本。网络爬虫就像一只蜘蛛一样在网络上沿着 URL 爬行，下载每一个 URL 所指的网页，分析页面内容。这里爬取的数据是指互联网上公开的并且可以访问到的网页信息。爬虫的用途很多，可以爬取图片、爬取房产信息等网站信息进行分析、爬取用户信息进行营销、搜索引擎等。Python 网络爬虫有很多第三库，如 requests、BeautifulSoup，还有很多爬虫框架，如 Scrapy。爬取数据要遵守 Robots 协议，在协议许可范围内进行爬取，尊重数据提供方。当然有爬虫也有反爬虫技术。

5. 数据分析与挖掘

数据分析与挖掘是利用数学和计算机手段，对收集来的数据进行处理和开发，分析挖掘出隐含的、潜在的价值关系，最大化发挥数据价值。目前主流的数据分析语言有 R、Python、MATLAB 三种程序语言，如表 2 - 1 所示。Python 是一种面向对象的解释性计算机程序设计语言，有高级高效的数据结构，编程方式简单高效，最重要的是 Python 数据分析库非常全，包括：Numpy（提供数组支持及高效处理函数）、SciPy（矩阵相关数值计算模块）、Matplotlib（数据可视化）、Pandas（数据分析探索）、Scikit - learn（支持回归、分类、聚类等机器学习库）、Keras（深度学习库）、Gensim（文本主题模型库）等，所以 Python 无疑成为数据分析与挖掘领域常用的编程语言。

表2-1　三种数据分析语言

项目	R	Python	MATLAB
语言学习难易程度	入门难度低	入门难度一般	入门难度一般
使用场景	数据分析、数据挖掘、机器学习、数据可视化等	数据分析、机器学习、矩阵运算、科学数据可视化、数字图像处理、Web应用、网络爬虫、系统运维等	矩阵计算、数值分析、科学数据可视化、机器学习、符号计算、数字图像处理、数字信号处理、仿真模拟等
第三方支持	拥有大量的Packages，能够调用C、C++、Fortran、Java等其他程序语言	拥有大量的第三方库，能够简便地调用C、C++、Fortran、Java等其他程序语言	拥有大量专业的工具箱，在新版本中加入了对C、C++、Java的支持
流行领域	工业界≈学术界	工业界>学术界	工业界≤学术界
软件成本	开源免费	开源免费	商业收费

6. 游戏开发

在网络游戏开发方面，Python可以用更少的代码描述游戏业务逻辑，可以直接调用Open GL实现3D绘制，Python有很好的3D渲染库和游戏开发框架，有很多Python语言实现的游戏引擎，如Pygame、Pyglet以及Cocos2d，用Python实现的游戏也有很多。

7. 人工智能

Python在人工智能领域的机器学习、神经网络、深度学习等方面，都是主流的编程语言。Python擅长进行科学计算和数据分析，支持各种数学运算，可以绘制出更高质量的2D和3D图像。目前世界上优秀的人工智能学习框架都是用Python实现的，如百度的飞桨Paddle Paddle、Google的神经网络框架TensorFlow、FaceBook的神经网络框架PyTorch、开源社区的Karas神经网络库等。

2.2　开发环境

Python可应用于Windows、Linux等多平台，下面主要介绍Windows平台下Python3的下载与安装，以及集成开发环境的安装使用。

扫码看视频

2.2.1　Python

1. 下载

可以在官网下载Python，如图2-3所示，一般下载Windows installer，它是以可执行文件（.exe）方式安装，需根据自己机器是32位还是64位的，选择相应版本。

2. 安装

下载完成之后，双击进行安装，注意勾选Add Python to PATH复选框，将Python安装路径添加到环境变量，单击"Install Now"安装到默认路径，如图2-4所示。

Python Releases for Windows

- Latest Python 3 Release - Python 3.9.4
- Latest Python 2 Release - Python 2.7.18

Stable Releases

- Python 3.9.4 - April 4, 2021

  Note that Python 3.9.4 *cannot* be used on Windows 7 or earlier.

  - Download Windows embeddable package (32-bit)
  - Download Windows embeddable package (64-bit)
  - Download Windows help file
  - Download Windows installer (32-bit)
  - Download Windows installer (64-bit)

图 2-3　Python 下载　　　　　　　　　　图 2-4　Python 安装

3. 验证

安装完成之后，按 < Win + R > 组合键，输入 cmd 并回车，进入命令提示符，输入 python，查看到 Python 版本就表示安装成功了，如图 2 – 5 所示。

```
管理员: C:\WINDOWS\system32\cmd.exe - python
Microsoft Windows [版本 10.0.16299.1868]
(c) 2017 Microsoft Corporation。保留所有权利。

C:\Users\Administrator>python
Python 3.9.4 (tags/v3.9.4:1f2e308, Apr  6 2021, 13:40:21) [MSC v.1928 64 bit (AMD64)] on win32
Type "help", "copyright", "credits" or "license" for more information.
>>>
```

图 2-5　Python 验证

4. 使用

安装完 Python 之后，就可以编写 Python 代码，运行查看结果了。图 2 – 6 所示是在命令行提示符下操作的 Python 代码。

也可在 Python 内置的 IDLE 环境编写运行代码，如图 2 – 7 所示。IDLE 是 Python 内置的开发与学习环境，它的使用可参考官方文档。

```
C:\Users\Administrator>python
Python 3.9.4 (tags/v3.9.4:1f2e308, Ap
Type "help", "copyright", "credits" o
>>> print(1+1)
2
>>> print("Hello Python")
Hello Python
>>>
```

```
IDLE Shell 3.9.4                                    —
File  Edit  Shell  Debug  Options  Window  Help
Python 3.9.4 (tags/v3.9.4:1f2e308, Apr  6 2021, 13:40:21) [MSC v.1928 6
4D64)] on win32
Type "help", "copyright", "credits" or "license()" for more information
>>> print("Hello Python")
Hello Python
>>> print(1+1)
2
>>>
```

图 2-6　命令行下运行 Python 代码　　　　　图 2-7　IDLE 下运行 Python 代码

不管是在命令行提示符下还是在内置的 IDLE 环境，开发效率都不高，接下来介绍 Python 集成开发环境的安装和使用，在集成开发环境 IDE 下编写 Python 代码效率更高，开发成本更低。

2.2.2　PyCharm

1. 下载

PyCharm 是由 JetBrains 打造的一款 Python IDE（Integrated Development Environment），与 Java 的集成开发环境 IntelliJ IDEA 是同一家公司开发。PyCharm 的功能强大，有调试、语法高亮、Project 管理、代码跳转、智能提示、自动完成、单元测试、版本控制等。此外，还支持 Django 框架，利于 Web 开发。

可以在官网下载 PyCharm，如图 2－8 所示，一般下载 Community 社区版就可以。Community 社区版是免费提供给开发者使用的，功能相对较少，没有 Web 开发、Python Web 框架、Python 分析器、远程开发、支持数据库与 SQL 等功能，但能够满足日常开发需要。Professional 专业版是收费的，付费购买激活码才可以长期使用，当然功能更丰富全面。

2. 安装

下载完成之后，按安装流程安装即可，其中特别要注意两点：一是安装路径不要选择有中文的目录，二是其中有一步需要勾选创建桌面图标和创建 .py，如图 2－9 所示。安装步骤可参考菜鸟教程。

图 2－8　PyCharm 下载　　　　　　　　图 2－9　PyCharm 安装

3. 配置

安装完成之后，可以进行一些简单的配置。

1）添加解释器。就是把之前安装的 Python3.9 解释器添加到 PyCharm 中。若没有配置 Python 解释器，PyCharm 只是一副没有灵魂的空壳。PyCharm 是集成开发环境，方便程序员开发运行的，代码完成后真正的解释执行还是要通过 Python 解释器。如图 2－10 所示，File 菜单

图 2－10　配置解释器 1

下选择 Setting，单击"Project"的"Project Interpreter"，再单击右侧的图标，单击"Add"，会出现如图 2-11 所示界面，选择"System Interpreter"，会自动跳出之前安装的 Python3.9 解释器，单击"OK"按钮即可完成。

图 2-11　配置解释器 2

2）修改主题风格和字体大小。可以按照自己的喜好设置界面主题风格和字体样式大小。如图 2-12 所示，File 菜单下选择 Setting，单击"Appearance"，"Theme"是主题风格，可以选择深底色或亮色等，这里的字体和字号，影响的是菜单栏和项目窗口、导航栏等。程序代码的字体样式大小的设置，如图 2-13 所示，File 菜单下选择 Setting，单击"Editor"下的"Font"，可以设置字体、字号、行间距。

图 2-12　修改主题和字体

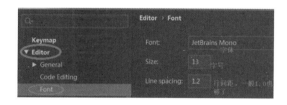

图 2-13　设置字体

3）添加热键。为了方便随时修改程序代码字体大小，可以设置热键。例如按住 < Ctrl > 键的同时，向下滚动鼠标能缩小代码字体大小，按住 < Ctrl > 键的同时，向上滚动鼠标能放大代码字体大小。如图 2-14 所示，File 菜单下选择 Setting，单击"Keymap"，搜索输入 dec，双击"Decrease Font Size"，再单击"Add Mouse Shortcut"，然后按住 < Ctrl > 键的同时，向下滚动鼠标，如图 2-15 所示，单击"OK"按钮即可完成缩小代码字体大小的热键设置。同理，搜索 inc，可以设置放大代码字体大小的热键设置。或者直接搜索 font 也类似。

图 2-14　设置热键 1

图 2-15　设置热键 2

4）安装第三方库。Python 的优点之一就是类库丰富，如果开发过程中要用到一些第三方库，比如结巴分词（jieba），则需要事先安装。如图 2 - 16 所示，File 菜单下选择 Setting，单击 "Project" 的 "Project Interpreter"，再单击 " + "，即可输入要安装的库，例如输入 jieba，如图 2 - 17 所示，选中后，单击下方的 "Install Package" 按钮，当出现 "Package 'jieba' installed successfully"，则表示安装完成。

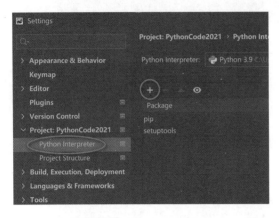
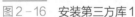

图 2 - 16　安装第三方库 1

图 2 - 17　安装第三方库 2

4. 使用

Python 的目录结构一般是：项目—包—模块/文件。在模块/文件中编写代码，PyCharm 有智能提示、代码补全、语法高亮等强大功能，所以编码、调试都非常方便，下面简单介绍 PyCharm 的使用。

首先新建项目，File 菜单下选择 "New Project"，弹出如图 2 - 18 所示对话框，在 "Location" 处选择项目路径，填写项目名称，项目名称一般使用首字母大写驼峰命名法，即每个单词首字母大写，例如：PythonCode。在 "Project Interpreter" 处选择已存在的解释器："Previously configured interpreter"，默认会选中已安装配置的 Python3.9，最后单击右下角 "Create" 按钮即可完成项目创建。

图 2 - 18　创建项目

接着在项目下新建包，在项目名称处单击右键，选择：New——Python Package，如图 2 - 19 所示，包名全部小写且使用下画线驼峰命名法，若由多个单词组成，每个单词用下画线分隔，例如：ch1_basic、user_data，如图 2 - 20 所示，若要修改名称，则可以选中后按 < Shift + F6 > 组合键进行重命名。新建包后自动会创建一个空的文件：_init_. py，这个 _init_. py 模块/文件不能少，而且不建议在该文件中编写 Python 代码，尽量让它保持简单。_init_. py 的作用之一就是用来识别是文件夹还是包，如果没有 _init_. py，则包就成了普通文件夹，连前面的图标也会有变化，如图 2 - 21 所示。

  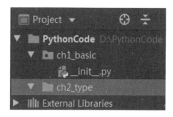

图 2 - 19　创建包　　　　图 2 - 20　注意包的命名　　　图 2 - 21　注意 _init_. py 文件

然后在包下新建模块/文件，在包处单击右键，选择：New——Python File，如图 2 - 22 所示，文件的命名规范跟包类似，也都要求全部小写且用下画线驼峰命名法，例如：demo. py、hello_ world. py，如图 2 - 23 所示。

图 2 - 22　新建模块/文件　　　　图 2 - 23　注意文件命名

最后就可以在模块/文件中编写代码了，如图 2 - 24 所示，编写完成之后，在文件中单击右键选择 Run，或者按组合键 < Ctrl + Shift + F10 > 即可运行代码。在下方的控制台可以看到运行后的结果。

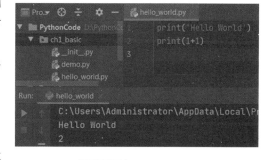

2.2.3　Anaconda

图 2 - 24　编写代码

Anaconda 是一个开源的 Python 发行版本，其包含了 conda、Python 等 180 多个科学包及其依赖项，比如 numpy、pandas 等。因为包含了大量的科学包，Anaconda 的下载文件比较大。因为 Anaconda 已经包含 Python，所以使用 Anaconda 开发时，无需事先安装 Python 解释器。

1. 下载

可以在 Anaconda 官网下载 Anaconda 安装包，需选择合适的系统和位数，如图 2 - 25 所示。也可以在清华大学开源软件镜像站下载，选择合适的系统和位数。

图2-25　Anaconda 官网下载

2. 安装

完成下载之后，双击下载文件，单击
"Next"按钮安装；阅读许可证协议条款，
选择"I Agree"；勾选"Just Me"进入下一
步；安装路径不要有中文和空格，一般默认
路径即可；接下来最重要的一步，如图2-26
所示，不勾选 Add Anaconda3 to my PATH
environment variable（添加 Anaconda 至我的
环境变量），如果勾选，将会影响其他程序
的使用。勾选 Register Anaconda3 as my
default Python 3.8，除非你打算使用多个版
本的 Anaconda 或多个版本的 Python。最后单
击"Install"按钮开始安装。

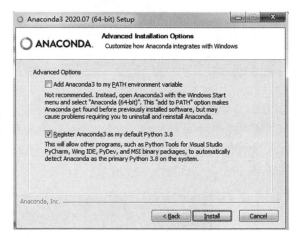

图2-26　Anaconda 安装

3. 验证

如果成功启动 Anaconda Navigator，则说明安装成功，界面如图2-27所示。

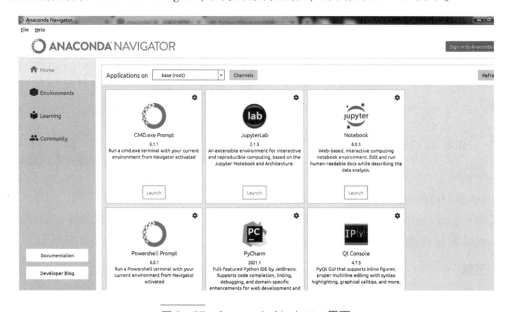

图2-27　Anaconda Navigator 界面

4. 使用 Jupyter Notebook

Jupyter Notebook 是基于网页的用于交互计算的应用程序，可被应用于全过程计算：开发、文档编写、运行代码和展示结果。简而言之，Jupyter Notebook 是以网页的形式打开，可以在网页页面中直接编写代码和运行代码，代码的运行结果也会直接在代码块下显示。如在编程过程中需要编写说明文档，可在同一个页面中直接编写，便于作及时的说明和解释。

Jupyter Notebook 的主要特点：

1）编程时具有语法高亮、缩进、tab 补全的功能。

2）可直接通过浏览器运行代码，同时在代码块下方展示运行结果。

3）以富媒体格式展示计算结果。富媒体格式包括 HTML、LaTeX、PNG、SVG 等。

4）对代码编写说明文档或语句时，支持 Markdown 语法。

5）支持使用 LaTeX 编写数学性说明。

文档是保存为后缀名为 .jpynb 的 JSON 格式文件，不仅便于版本控制，也方便与他人共享。此外，文档还可以导出为 HTML、LaTeX、PDF 等格式。

可以在 Anaconda Navigator 界面单击 Jupyter Notebook 的"Launch"按钮打开 Jupyter Notebook，或者直接在开始菜单——所有程序——Anaconda3（64 - bit）——Jupyter Notebook（Anaconda3）打开。如图 2 - 28 所示，单击右边的 New——Python3，新建文件，即可在网页上编写代码并且运行查看结果，如图 2 - 29 所示。

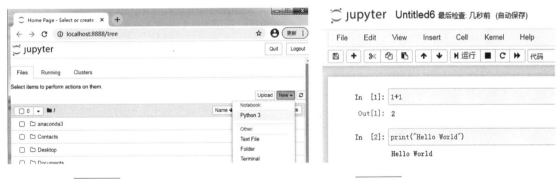

图 2 - 28　Jupyter 界面新建文件　　　　图 2 - 29　Jupyter 编写代码运行

2.3　Python 基础语法应用

下面通过 3 个案例介绍 Python 的一些基础语法知识，包括数据类型、循环选择语句等。

2.3.1　实例 1：五角星

【导入】

中华人民共和国国旗是五星红旗，红色象征革命，旗上的五颗五角星及其相互关系象征共产党领导下的中国革命人民大团结。大的五角星代表中国共产党，党领导人民建立了新中国，四颗小的星星分别代表工人、农民、知识分子、民族资产阶级（即工、农、士、商），四颗小星星环拱大星星右侧，且每个小星星的一个角正对大星星的中心点，象征着中国共产党领导全国各族人民大团结。

扫码看视频

【目标】

使用 Python 的标准库 turtle，绘制五角星，如图 2-30 所示。

【分析】

首先如果给你一张纸、一支笔，你是如何一笔绘制五角星的？起点开始向右画横线，再往左下方画斜线，再往上画斜线，往下画斜线，最后往上画到起点为止。这里有 2 个关键点：一是起点和终点重合，二是若画出正五角星，每个内角其实是 36°，外角也就是 144°。

图 2-30　绘制五角星

如何用程序来实现一笔绘制正五角星呢？可以了解一下 turtle，turtle 属于入门级的图形绘制函数库，可以绘制很多有趣的可视化图形。turtle 是海龟的意思，使用 turtle 绘制时，就像是一只海龟在窗体正中心开始游走，走过的轨迹就绘制成了图形，可以通过程序控制轨迹的颜色、方向、宽度等。例如要让画笔向前移动 d 距离，可以使用 turtle.forward (d) 命令，要使画笔向右转动 d 度，可以使用 turtle.right (d) 命令。

使用 turtle 绘制五角星的流程图如图 2-31 所示，循环操作：画笔向前移动 200，向右转动 144°，判断画笔是否回到了原点，若回到原点了则结束循环，否则继续执行向前移动 200 等步骤。

【实现】

```
import turtle
while True：
    # 向前移动200
    turtle.forward(200)
    # 向右转动144度
    turtle.right(144)
    # 看画笔是否回到原点,回到原点为真,则退出循环
    if abs(turtle.pos()) < 1：
        break
```

运行程序后，输出结果如图 2-32 所示。

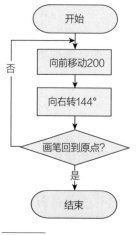

图 2-31　绘制五角星流程图

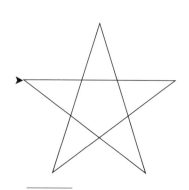

图 2-32　绘制五角星结果

【优化】

可以设置填充颜色，然后填充图形，达到如图 2 - 30 所示的效果。

```python
import turtle
#设置填充颜色为红色
turtle.fillcolor("red")
# 准备开始填充图形
turtle.begin_fill()
while True:
    # 向前移动200
    turtle.forward(200)
    # 向右转动144 度
    turtle.right(144)
    #看画笔是否回到原点,回到原点为真,则退出循环
    if abs(turtle.pos()) < 1:
        break
# 填充完成
turtle.end_fill()
```

【知识点】

1. 引用函数库

Python 标准库函数引用后即可使用，若是第三方库则需要先安装再引用。

引用函数库的方法一：import 库名。

此时，程序可以调用库中的所有函数：库名. 函数名（参数）。例如实例 1 中的 turtle 库的引用和使用。

引用函数库的方法二：from 库名 import 函数名。

或者：from 库名 import ∗。

此时，调用库中的函数时，不需要使用库名，直接调用函数即可：函数名（参数）。例如实例 1 中引用函数库可以改成：from turtle import ∗，调用函数可以改成：forward（200）、begin_ fill（）。

2. 缩进格式

Python 采用代码缩进和英文冒号来区分代码块之间的层次，例如实例 1 代码中，顶格写的代码是同一层次，while 语句后面有 3 句代码同一层次，属于同一个代码块，if 语句后面有一句代码。这跟 Java、C 语言等采用大括号 {} 分隔代码块不同。

Python 对代码的缩进要求非常严格，同一个级别代码块的缩进量必须一样，否则解释器会报 SyntaxError 异常错误。默认以 4 个空格（可以按 < Tab > 键实现）作为代码的基本缩进单位。

PyCharm 中可以按 < Ctrl + Alt + L > 组合键实现代码格式化。

3. 分支/选择结构

程序由 3 种基本结构组成：顺序结构、分支结构、循环结构。任何程序都由这 3 种基本

结构组成，为了直观展示程序结构，可以用流程图描述（见图2-31）。

顺序结构是程序按照线性顺序依次执行的一种运行方式。

分支结构是程序根据条件判断结果而选择不同向前执行路径的一种运行方式，实例1中是单分支结构，如果回到原点就执行退出循环，否则就继续循环。分支结构除了单分支，还有二分支、多分支。

单分支结构流程图如图2-33所示，语法规则如下：

if 条件：

　　　代码块

4. 循环结构

循环结构是根据条件判断结果向后反复执行的一种运行方式。Python中循环结构包括while和for两种，实例1中使用的是while循环，while True表示循环条件永远为真，即死循环，只有当判断条件回到原点时，执行break语句结束循环。

分支结构与循环结构的区别：当条件为真时，分支结构只执行一次，循环结构会重复执行。

while循环结构流程图如图2-34所示，语法规则如下：

while 条件：

　　　代码块

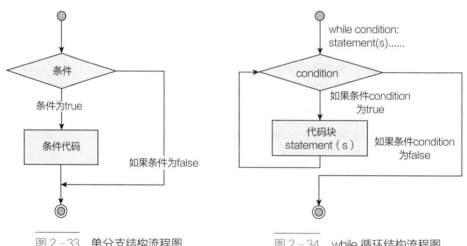

图2-33　单分支结构流程图　　　　图2-34　while循环结构流程图

2.3.2　实例2：回文诗

【导入】

中华文明历史源远流长，若从黄帝时期算起，已有5000年。中华民族诞生了数不清的文化瑰宝，比如唐诗、宋词、元曲等，通过各种方式，传到世界各地，对世界产生了深远影响。在中国文学史上，最早出现的诗歌总集《诗经》距今已有三千多年。

扫码看视频

唐宋八大家之一苏轼（世称苏东坡）的一首《题金山寺》，为回文诗，这首诗非常神奇，从前往后读描写从月夜到破晓的场景，而从后往前读描写黎明时刻到红霞漫天的场景。这样一首诗不禁让人感叹中华文化的博大精深和中国文字的精妙！我们更当继承和发扬优秀的传统文化，走文化自信的道路。

【目标】

从后往前输出苏轼的《题金山寺》，结果如图2－35所示。

潮随暗浪雪山倾，远浦渔舟钓月明。桥对寺门松径小，槛当泉眼石波清。

迢迢绿树江天晓，霭霭红霞海日晴。遥望四边云接水，碧峰千点数鸿轻

```
《题金山寺》 苏轼
潮随暗浪雪山倾，远浦渔舟钓月明。桥对寺门松径小，槛当泉眼石波清。迢迢绿树江天晓，霭霭红霞海日晴。遥望四边云接水，碧峰千点数鸿轻
从后往前读：
轻鸿数点千峰碧，水接云边四望遥。晴日海霞红霭霭，晓天江树绿迢迢。清波石眼泉当槛，小径松门寺对桥。明月钓舟渔浦远，倾山雪浪暗随潮
```

图2－35　回文诗

【分析】

将这首诗保存在一个字符串中，只要将字符串从后往前取出就可以了，使用Python字符串的切片功能就能实现。

【实现】

```
s = "潮随暗浪雪山倾,远浦渔舟钓月明。桥对寺门松径小,槛当泉眼石波清。迢迢绿树江天晓,霭霭红霞海日晴。遥望四边云接水,碧峰千点数鸿轻"
print('《题金山寺》苏轼')
# s 等价于 s[::]
# 起始、结束位置省略,表示从头到尾;步长省略默认为1
print(s)
print("从后往前读:")
print(s[::-1])
```

【扩展】

类似地，也可以验证某个数是不是回文数，或者输出1000以内的回文素数等。

例如：输入一个数，判断其是不是回文数。若输入“123”，则输出“123不是回文数”。若输入“121”，则输出“121是回文数”。

```
# 接收用户输入
num = input()
# 判断是否是回文数
if num == num[::-1]:
    print(f'{num}是回文数')
else:
    print(f'{num}不是回文数')
```

【知识点】

1. 变量

数据在内存中存储之后定义的一个名字，这个名字就是变量。注意变量必须满足：由数字、字母、下画线组成（Python允许使用汉字命名，但一般不推荐使用），不能以数字开头，不能使用内置关键字，严格区分大小写。还应注意变量的命名规范：见名知义，例如表示年

龄的变量取名为 age，并且变量采用全部小写、下画线式驼峰命名法，例如：max_age。

Python 中定义变量时，不需要指定类型，每个变量在使用前必须赋值，变量赋值后，该变量就被赋予了类型。

2. 字符串

字符串是 Python 中一种基本数据类型，是用一对单引号、双引号或三引号构成。访问子字符串，可以使用方括号［］来截取。索引值从 0 开始，−1 表示末尾。例如 s = ' Python '，s［0］为 P，s［−1］为 n。

切片是指截取字符串的一部分，语法格式为：s［start：stop：step］。

其中 start 表示起始位置，stop 表示结束位置（不包含），step 表示步长（默认为 1）。

例如 s = "abcd"，s［0：3］表示取出字符串 s 中索引为 0 到 2 的部分字符串，这里注意索引 0 表示第 1 位，结果为：abc。

注意：起始和结束位置若不写，表示截取从头到尾，也就是全部字符串。若步长设置为 −1，表示从后往前取。所以从后往前取出所有字符串可以表示为：s［：：−1］。

当然字符串还有很多内置函数，比如转换大小写、判断长度等。

3. print 输出

print( ) 是输出语句，将结果打印在控制台上。输出格式有类似 C 语言的格式符号，例如 print（'我的名字叫％s'％ name），引号内原样输出，％s 表示字符串变量。

Python3.6 新增了 f 格式化输出，引号内原样输出，要输出变量的内容则将变量放入大括号内，例如：print（f'｛num｝ 是回文数'）。

2.3.3　实例 3：冰雹猜想

【导入】数学中有一种现象：无论 N 是怎样一个自然数，最终都无法逃脱回到谷底 1，准确地说，是无法逃出落入底部的 4 − 2 − 1 循环，这就是著名的"冰雹猜想"，也称角谷猜想。

【目标】任意写出一个自然数 N，并且按照以下的规律进行变换：

如果是个奇数，则下一步变成 3N + 1；

如果是个偶数，则下一步变成 N/2。

这样经过若干次，最终回到 1。

例如：10——>5——>16——>8——>4——>2——>1

运行结果如图 2 − 36 所示。

图 2 − 36　冰雹猜想

【分析】流程图如图 2 − 37 所示，首先接收用户输入一个自然数 n，当 n 不为 1 时，重复执行：若 n 为偶数，则将 n/2 赋值给 n；若 n 为奇数，则将 3 × n + 1 赋值给 n。当 n 为 1 时，程序结束。

【实现】

```
n = int(input('请输入任意一自然数:'))
while(n! =1):
    if n % 2 = =0:
        n =n /2
        print(n)
```

```
else:
    n = 3 * n + 1
print(n)
```

运行后的结果如图 2 - 38 所示。

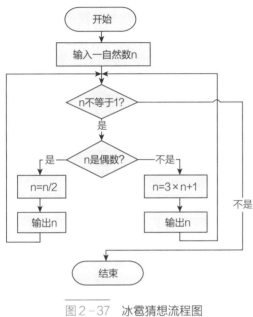

图 2 - 37　冰雹猜想流程图

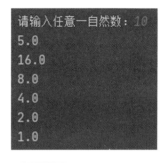

图 2 - 38　冰雹猜想结果

【优化】上述结果中为什么会有小数点呢? 如何去掉小数点呢?

Python 中除法和整除是不一样的: 3/2 的结果是 1.5, 3//2 的结果是 1, "//" 表示整除。所以将上述代码中 n = n/2 改成 n = n//2, 就能得到正确结果。

【知识点】

1. input()输入

程序接收用户输入数据, 使用 input( ) 函数, 语法格式为: input ('提示信息')。注意:用户输入完成后才能继续向下执行, 否则会一直等待用户输入。一般会将用户输入的内容保存在变量中, 例如: s = input( )。尤其注意输入的任意数据都会被当作是字符串, 可以使用 print(type(s)) 验证保存用户输入数据的变量 s 是什么类型, str 表示字符串。

2. 数字

数字是 Python 的基本数据类型, Python 支持的数字有: int (整数)、float (浮点数)、bool (布尔)、complex (复数)。其他一些语言中整型有 int、long 等, Python3 中只有一种整数类型 int。布尔类型只有 True 和 False 两个值, 注意大小写, True 实质是 1, False 实质是 0。

3. 类型转换

可以使用 type (s), 查看变量 s 的数据类型。类型转换函数有 int( )、float( )、str( )、eval( ) 等, 例如: s = '123', 则 s 为 str 字符串类型, 可将其转换为 int 类型: s = int(s) 或者 s = eval(s)。

由于 input( ) 函数输入的任何数据都会被当作字符串, 所以需要将字符串转为数字类型才能进行运算。

4. 运算符

Python 支持的运算符包括：算术运算符、比较/关系运算符、赋值运算符、逻辑运算符等。如表 2-2 所示，算术运算符有：+（加）、-（减）、*（乘）、/（除）、//（整除）、%（取模，余数）、**（幂，x 的 y 次幂）。如表 2-3 所示，比较运算符有：= =（等于）、!=（不等于）、>（大于）、<（小于）、> =（大于等于）、< =（小于等于）。如表 2-4 所示，赋值运算符有：=、+ =、- =、* =、/ = 等。如表 2-5 所示，逻辑运算符有：and（与）、or（或）、not（非）。

表 2-2　算术运算符

以下假设变量：a = 10，b = 20：

运算符	描述	实例
+	加 - 两个对象相加	a + b 输出结果 30
-	减 - 得到负数或是一个数减去另一个数	a - b 输出结果 -10
*	乘 - 两个数相乘或是返回一个被重复若干次的字符串	a * b 输出结果 200
/	除 - x 除以 y	b/a 输出结果 2
%	取模 - 返回除法的余数	b%a 输出结果 0
* *	幂 - 返回 x 的 y 次幂	a * * b 为 10 的 20 次方，输出结果 100000000000000000000
//	整除 - 返回商的整数部分（向下取整）	> > >9// 2 4 > > > -9// 2 -5

表 2-3　比较运算符

以下假设变量 a 为 10，变量 b 为 20：

运算符	描述	实例
= =	等于 - 比较对象是否相等	（a = =b）返回 False
!=	不等于 - 比较两个对象是否不相等	（a!=b）返回 True
< >	不等于 - 比较两个对象是否不相等，Python3 已废弃	（a< >b）返回 True，这个运算符类似!=
>	大于 - 返回 x 是否大于 y	（a>b）返回 False
<	小于 - 返回 x 是否小于 y。所有比较运算符返回 1 表示真，返回 0 表示假。这分别与特殊的变量 True 和 False 等价	（a<b）返回 True
> =	大于等于 - 返回 x 是否大于等于 y	（a > =b）返回 False
< =	小于等于 - 返回 x 是否小于等于 y	（a < =b）返回 True

表 2-4 赋值运算符

运算符	描述	实例
=	简单的赋值运算符	c=a+b 将 a+b 的运算结果赋值为 c
+ =	加法赋值运算符	c + =a 等效于 c = c + a
– =	减法赋值运算符	c – =a 等效于 c = c – a
*=	乘法赋值运算符	c*=a 等效于 c = c* a
/ =	除法赋值运算符	c/ =a 等效于 c = c/a
% =	取模赋值运算符	c% =a 等效于 c = c%a
** =	幂赋值运算符	c* *=a 等效于 c = c * * a
// =	取整除赋值运算符	c// =a 等效于 c = c//a

表 2-5 逻辑运算符

Python 语言支持逻辑运算符，以下假设变量 a 为 10，b 为 20：

运算符	逻辑表达式	描述	实例
and	x and y	布尔"与"-如果 x 为 False，x and y 返回 False，否则它返回 y 的计算值	（a and b）返回 20
or	x or y	布尔"或"-如果 x 是非 0，它返回 x 的计算值，否则它返回 y 的计算值	（a or b）返回 10
not	not x	布尔"非"- 如果 x 为 True，返回 False。 如果 x 为 False，它返回 True	not（a and b）返回 False

这里特别要区分 = 与 = =：一个等于号（=）表示赋值，将等号右边的值赋值给等号左边的变量，两个等于号（= =）表示判断等号左右两侧是否相等。

5. 二分支结构

二分支结构流程图如图 2 – 39 所示，语法是：

if 条件：

　　语句块 1

else：

　　语句块 2

当满足条件时，执行语句块 1，当条件不满足时，执行语句块 2。实例 3 中，当 n 是偶数时执行 2 条语句，否则就是当 n 是奇数时执行另外 2 条语句。

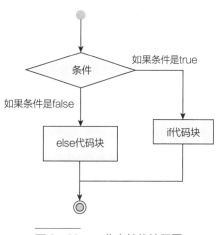

图 2 – 39　二分支结构流程图

2.4　网络爬虫

搜索引擎使用网络爬虫不停地从互联网爬取网站数据，一些公司和个人也编写爬虫程序获取自己想要的数据，网络爬虫的应用越来越广泛，可以用于搜索引擎、数据采集、软件测试、网络安全等。在爬虫领域，Python 几乎处于霸主地位，将网络一切数据作为资源，通过自动化程序进行有针对性的数据采集以及处理。

2.4.1 爬虫概述

扫码看视频

1. 概念

网络爬虫又称网页蜘蛛，网络机器人，是一种按照一定的规则，自动地抓取万维网信息的程序或者脚本。

这里的信息是指互联网上公开的并且可以访问到的数据，而不是网站的后台数据（没有权限访问的），更不是用户注册的信息（非公开的）。

2. 分类

网络爬虫按照系统结构和实现技术，大致可以分为以下几种类型：通用网络爬虫（General Purpose Web Crawler）、聚焦网络爬虫（Focused Web Crawler）、增量式网络爬虫（Incremental Web Crawler）、深层网络爬虫（Deep Web Crawler）。实际的网络爬虫系统通常是几种爬虫技术相结合实现的。

通用网络爬虫，爬取对象从一些种子 URL 扩充到整个 Web，主要为门户站点搜索引擎和大型 Web 服务提供商采集数据。这类网络爬虫的爬取范围和数量巨大，对于爬取速度和存储空间要求较高，适用于为搜索引擎搜索广泛的主题，有较强的应用价值。

聚焦网络爬虫，是指选择性地爬取那些与预先定义好的主题相关页面的网络爬虫。和通用网络爬虫相比，聚焦爬虫只需要爬取与主题相关的页面，极大地节省了硬件和网络资源，保存的页面也由于数量少而更新快，还可以很好地满足一些特定人群对特定领域信息的需求。

增量式网络爬虫，只会在需要的时候爬取新产生或发生更新的页面，并不重新下载没有发生变化的页面，可有效减少数据下载量，及时更新已爬取的网页，减小时间和空间上的耗费，但是增加了爬取算法的复杂度和实现难度。

深层网络爬虫，是指爬取深层网页的爬虫，深层网页的数据爬取相对困难，需要采取一定的策略。表层网页是指传统搜索引擎可以索引的页面，以超链接可以到达的静态网页为主构成的页面。深层网页是那些大部分内容不能通过静态链接获取的、隐藏在搜索表单后的，只有用户提交一些关键词才能获得的页面，例如那些用户注册后内容才可见的网页。

3. 过程

爬虫的简单过程如图 2-40 所示，获取一个 url；向 url 发送请求，并获取响应（HTTP）；如果从响应中提取的是 url，则继续发送请求获取响应；如果从响应中提取的是一些网页内容（如 HTML 或 JSON 等），可进行数据解析（利用解析库或 JSON 等），然后保存数据，保存到文件或数据库。

4. HTTP

爬虫实质是模拟浏览器发送请求获取响应，所以必须了解 HTTP。

HTTP 是一种超文本传输协议。超文本，字面理解就是超过文本，不仅限于文本，还包括图片、音频、视频等。传输

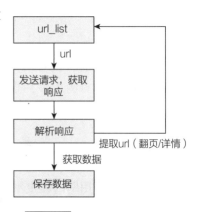

图 2-40 爬虫爬取网页流程

协议是使用共用约定的固定格式来传递转换超文本内容。

　　HTTP 是浏览器和服务器通信的规则，在浏览器和服务器之间传输数据（如 HTML 文件、图片文件、查询结果等）。浏览器和服务器通信过程如图 2‑41 所示，客户端浏览器发送请求 url，域名解析器会将 url 进行解析返回服务器 IP 地址，浏览器通过 IP 请求服务器，服务器响应，返回页面信息。

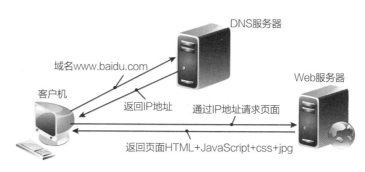

图 2‑41　浏览器和服务器通信过程

　　HTTP 也就是请求响应协议，浏览器向服务器发送请求，服务器给浏览器响应内容。请求协议和响应协议都有一定的规则，通过请求/响应头设置或传递数据。

　　打开 Google 浏览器 Chrome，网页上右键选择 "检查" 或者直接按 <F12> 键，进入调试界面，如图 2‑42 所示，打开百度首页，单击 "Network"，再选中左侧的：www.baidu.com，就能看到请求头和响应头等信息。

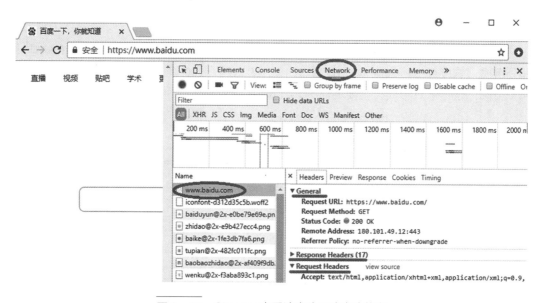

图 2‑42　Chrome 查看请求头和响应头信息

　　请求协议的格式如图 2‑43 所示，请求消息如图 2‑44 所示，请求消息由请求行、请求头、空行和请求数据四部分组成。请求行包括请求方法（get、post 等）、请求的 URL、协议版本（HTTP/1.1）。

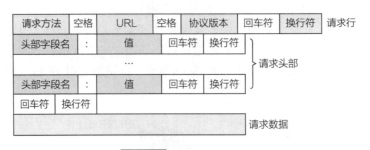

图 2-43　请求协议格式

图 2-44　请求消息

　　请求头是键值对形式，由头部字段名：值组成，主要关注 2 个请求头：User-Agent 和 Cookie。User-Agent 中会有很多浏览器的信息，爬取数据的时候就会用到 User-Agent 请求头。Cookie 中会存放 Cookie 值，有些网页内容需要登录后才能看到，爬取时需要用到 Cookie 请求头。

　　响应消息如图 2-45 所示，响应跟请求格式类似，由响应行、响应头、空行和响应内容四部分组成。响应行由协议版本（HTTP/1.1）、状态码（200 表示成功）组成。响应头也跟请求头类似，是键值对形式，主要关注 Set-Cookie 响应头。

图 2-45　响应消息

　　还可以借助 Fiddler 抓包工具，记录客户端和服务器的 HTTP 请求和响应，模拟发送 HTTP 请求。

2.4.2　实例 4：知己知彼

【导入】

托尔斯泰曾说：理想是指路的明灯，没有理想就没有坚定的方向，就没有

生活。周恩来 12 岁时就发出"为中华之崛起而读书"的誓言，表达了他从小立志振兴中华的伟大志向。我们也应该有明确的、切合实际的职业理想，并为实现这个目标坚持不懈，实现自我价值的同时，为人民、为国家做出贡献，这样的人生才有意义。

要实现职业理想，首先要了解自己，只有从自身出发，从自己所受的教育、自己的能力倾向、自己的个性特征、身体健康状况出发，才能够准确定位，瞄准适合自己的岗位去不懈努力。其次要了解职业，每种职业都有与之相适应的职业能力要求，除了具备观察、思维、表达、操作、公关等一般能力之外，一些特殊行业还有特殊要求，有选择地、有针对性地培养自己的能力，主动去适应并接受职业岗位的挑战是十分重要的。最后要了解社会，主要是要了解社会需求量、竞争系数和职业发展趋势。

接下来我们来了解职业和社会，看看 Python 相关的岗位都有哪些。

【目标】

打开 51job 首页，搜索框输入：python，能看到 python 相关的职位如图 2 - 46 所示。现要求使用 Python 代码爬取 51job 上 python 相关职位信息，爬取的所有内容保存在 job51. html 文件中，结果如图 2 - 47 所示。当然后续还可以利用 beautifulsoup4 库将爬取的内容进行数据解析，解析出需要的信息。

图 2 - 46　搜索 51job 上 python 相关职位

【分析】

Python 有内置的 urllib 库，可以模拟浏览器，向服务器发送 HTTP 请求，获取响应数据。当然也可以使用第三方库 requests，而且这种方法更方便，不过第三方库需要先安装再使用。

图 2-47   python 爬取的内容

可以使用 requests 库发送 get 请求，带上 User - Agent 请求头，模拟浏览器，获取和浏览器访问一致的内容。

【实现】

```
import requests
url = 'https://search.51job.com/list/000000,000000,0000,00,9,99,python,2,1.
html? lang = c&stype = &postchannel = 0000&workyear = 99&cotype = 99&degreefrom =
99&jobterm = 99&companysize = 99&providesalary = 99&lonlat = 0% 2C0&radius = - 1&ord_
field = 0&confirmdate = 9&fromType = &dibiaoid = 0&address = &line = &specialarea =
00&from = &welfare = '
headers = {
    "User - Agent": "Mozilla/5.0 (Windows NT 6.1; Win64; x64) AppleWebKit/537.36
(KHTML, like Gecko) Chrome/86.0.4240.183 Safari/537.36"}
response = requests.get(url, headers = headers)
with open('job51.html','w') as f:
    f.write(response.content.decode("gbk"))
```

【知识点】

1. requests 库

requests 是第三方库，使用前先安装。PyCharm 中安装 requests 参考 2.2.2 小节，也可以在命令行模式下安装，如图 2 - 48 所示，win 图标 + R，输入 cmd，进入命令行模式，输入：pip install requests 运行即可。

若是 get( ) 请求，使用 requests 的 get( ) 方法，传入 url 和 headers 参数，就可以向目标 url 发出请求，得到服务器的响应内容，如：requests. get(url, headers = headers)。其中 url 和 headers 的内容从网页

图 2 - 48   命令行下安装 requests

上拷贝，按 < F12 > 键打开调试模式，单击打开网页，在 "Network" 中，如图 2 - 49 所示，拷贝 General 中的 Request URL，这就是目标 url，然后再拷贝 Request Headers 中的 User - Agent 请求头，就是靠这个请求头，让服务器认为访问它的是浏览器，而不是 Python 代码，注意这个请求头是 key - value 结构，拷贝到代码中需要构造成字典，如：headers = ｛"User - Agent"："Mozilla/ 5.0（Windows NT 6.1；Win64；x64）AppleWebKit/537.36（KHTML, like Gecko）Chrome/86.0.4240.183 Safari/537.36"｝。

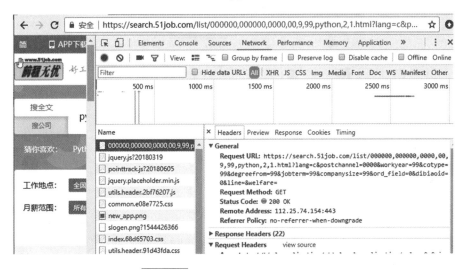

图 2 - 49　拷贝 url 和 User - Agent

发送请求，得到的响应内容保存在变量中，如 response，然后通过 response.text 或者 response.content 得到响应内容。其中 response.text 得到的是 str 类型，requests 模块自动根据 HTTP 头部对响应的编码做出有根据的推测，这样推测的文本编码有可能会乱码。response.content 得到的是 bytes 类型，可以使用 decode() 指定解码类型，如：response.content.decode（"gbk"），不指定的话，默认是 utf - 8。

2. post 请求

如果是登录、注册之类的，需要向服务器提交数据的，一般是 post 请求。使用 requests 发送 post 请求有相应的 post() 方法，需要传入 url、headers、data 参数，其中 data 是请求数据，也可以按 < F12 > 键进入调试页面后拷贝。如图 2 - 50 所示，打开有道词典翻译页面，输入好好学习，查看调试界面，可以看到发送的是 post 请求，得到请求 url、请求头 User_ Agent，以及请求数据 Form Data。

发送 post 请求代码如下：

```
url1 = " http://fanyi.youdao.com/translate? smartresult = dict&smartresult = rule"
headers = ｛
    "User - Agent": "Mozilla/5.0 (Windows NT 6.1;Win64;x64) AppleWebKit/537.36 (KHTML, like Gecko) Chrome/86.0.4240.183 Safari/537.36"
｝
data1 = ｛"i":"好好学习","from":"AUTO","to":"AUTO",
```

图 2-50　post 请求

```
    "smartresult": "dict",
    "client": "fanyideskweb",
    "salt": "16045770434639",
    "sign": "6b82640fc6529bffe57198c3d509e709",
    "lts": "1604577043463",
    "bv": "0a19053d993d60580321f3e9b5652683",
    "doctype": "json",
    "version": "2.1",
    "keyfrom": "fanyi.web",
    "action": "FY_BY_REALT1ME"
}
response1 = requests.post(url1, headers = headers, data = data1)
print(response1.content.decode())
```
结果如下：
```
{"type":"ZH_CN2EN","errorCode":0,"elapsedTime":1,"translateResult":[[{"src":"好好学习","tgt":"study hard"}]]}
```

这里需要注意的是，如果直接用图 2-50 中拷贝的 url，得到的结果是：{"errorCode": 50}。url 中问号前面的 translate_o 需要改成 translate，这是有道词典的一种反爬策略。

3. 反爬策略

有些爬虫爬取频率很高，消耗过多网站资源，对网站造成很大的访问压力，因此，很多网站会采取一些防爬虫措施来阻止爬虫的不当爬取行为。下面介绍 4 种反爬策略。

1）限制 IP 地址单位时间的访问次数。这种方式同时也会阻止搜索引擎对网站的收录。

2）屏蔽 IP。有些网站会根据某个时间段内 IP 访问的次数来判定是否是爬虫，然后屏蔽该 IP。当然，爬虫会使用代理 IP，采取爬取一次换一次 IP 的方式，但这样也会降低它的效率和速度。

3）登录才能访问，验证码限制。

4）动态页面。动态网页是指网页中依赖 JavaScript 脚本动态加载数据的网页，或者数据是通过 Ajax 请求得到或 Java 生成的。当然爬虫可以使用 Selenium + PhantomJS 解决动态页面的爬取。

4. robots 协议

robots 协议也叫 robots. txt（统一小写），是一种存放于网站根目录下的文本文件。robots 协议用来告知搜索引擎哪些页面能被抓取，哪些页面不能被抓取；可以屏蔽一些网站中比较大的文件，如图片、音乐、视频等，节省服务器带宽；可以屏蔽站点的一些死链接；方便搜索引擎抓取网站内容；设置网站地图链接，方便引导蜘蛛爬取页面。

当一个搜索蜘蛛访问一个站点时，它会首先检查该站点根目录下是否存在 robots. txt，如果存在，搜索机器人就会按照该文件中的内容来确定访问的范围；如果该文件不存在，所有的搜索蜘蛛将访问网站上所有没有被密码保护的页面。

robots 协议是网站信息和网民隐私保护的国际通行规范之一，理应得到全球互联网公司的共同遵守。不尊重 robots 协议将可能导致网民隐私大规模泄露。

所以，robots. txt 是一个协议，而不是一个命令，只是约定俗成的，所以并不能保证网站的隐私。网络爬虫可能导致性能骚扰、法律风险和隐私泄露的问题，所以爬虫需要遵循 robots 协议原则，在协议许可的范围内进行爬取，尊重数据提供方。

2.5　数据分析

扫码看视频

人工智能的三大核心要素是：数据、算法、运算力。其中，数据为人工智能自主学习与训练提供了最基本的素材。人工智能的本质是对数据实时化、快速化地处理，实现数据价值的挖掘与应用。利用 Python 进行数据分析处理是人工智能应用的基础。

网络数据的爆发式增长，人类已经进入了大数据时代，能够从数据中发现并挖掘有价值的信息变得愈发重要，这就诞生了数据分析技术。

2.5.1　数据分析概述

1. 概念

数据分析是指使用适当的统计分析方法对收集来的大量数据进行分析，从中提取有用信息和形成结论，并加以详细研究和概括总结的过程。数据分析的目的是将隐藏在一大批看似杂乱无章的数据信息中的有用数据集提炼出来，以找出所研究对象的内在规律。

2. 流程

数据分析是有目的地进行收集、处理、分析数据，提炼出有价值的信息的过程，整个过程大致分为五个阶段：明确需求——收集数据——处理数据——分析数据——展示数据。

收集数据的方式有很多，2.4 节介绍的网络爬虫就是从网络中收集数据的一种方式。当然还可以通过电商平台获得数据，或者利用传感器、摄像头等设备收集数据等。

处理数据是指对收集到的数据进行清洗、加工、整理的过程。其中数据清洗是指按照一定规则把一些脏数据（不完整数据、错误数据等）清洗掉，内容包括检查数据一致性、处理无效值和缺失值等操作。这个过程非常耗时，占据非常重要的地位，在一定程度上保证了分析数据的质量。

分析数据是指通过分析手段、方法对处理好的数据进行探索、分析，从中发现关系。这里会使用一些专业的数据分析工具进行数据统计分析。

展示数据是指将数据分析结果通过图表方式进行更直观地展现，这里也需要使用一些第三方库。

3. 常用工具

Python 本身的数据分析功能并不强，需要安装一些第三方库来增强它的能力，比如 Numpy、Pandas 等。

Numpy 是实现高性能科学计算和数据分析的基础模块，支持多维数组与矩阵运算等。

Pandas 是一个基于 Numpy 的数据分析包，可以对各种数据进行运算操作，比如归并、数据清洗、数据加工特征等，Pandas 广泛应用在学术、金融、统计学等各个数据分析领域。

这些第三方库使用前需要安装，库的管理及版本问题处理起来略微麻烦，所以可以使用 Anaconda 进行开发，它集成了大量常用的扩展包，能够避免包配置或兼容等问题，而且使用 Jupyter Notebook 运行代码后直接在网页上展示数据分析结果以及可视化图表效果非常方便。

2.5.2　实例5：冷暖自知

【导入】

全球气候变暖是一种和自然有关的现象，是由于温室效应不断积累，导致地气系统吸收与发射的能量不平衡，能量不断在地气系统累积，从而导致温度上升，造成全球气候变暖。

焚烧化石燃料，如石油、煤炭等，或砍伐森林并将其焚烧时会产生大量的二氧化碳，即温室气体，这些温室气体会导致地球温度上升，即温室效应。全球变暖会造成全球降水量重新分配、冰川和冻土消融、海平面上升等，不仅危害自然生态系统的平衡，还威胁人类的生存。另一方面，由于陆地温室气体排放造成大陆气温升高，与海洋温差变小，进而造成了空气流动减慢，雾霾无法短时间被吹散，造成很多城市雾霾天气增多，影响人类健康。

《巴黎协定》开启了全球合作应对气候变化新阶段。中国坚持创新、协调、绿色、开放、共享的发展理念，将大力推进绿色低碳循环发展，采取有力行动应对气候变化。

【目标】

已知某城市 5 月份 15 天内的最高、最低温度，要求算出近 15 天的温度平均值、每天温度平均值、最高/最低温度的平均值，以及最高温度和最低温度，结果如图 2-51 所示。

【分析】

如果有函数可以计算平均值、最大值、最小值，那就很方便了。Numpy 就有统计函数可以计算数组中的元素沿指定轴的平均值和最大/最

```
近15天的最高、最低温度矩阵：
[[24 17]
 [28 18]
 [30 22]
 [30 21]
 [31 24]
 [29 23]
 [32 24]
 [27 21]
 [31 21]
 [32 23]
 [26 22]
 [23 19]
 [28 18]
 [26 19]
 [28 20]]
近15天的温度平均值：
24.6
每天温度平均值：
[20.5 23.  25.5 27.5 26.  28.  24.  26.  27.5 24.  21.  23.  22.5
 24. ]
最高/最低温度的平均值：
[28.33333333 20.8       ]
最高温度：
32
最低温度：
17
```

图 2-51　运行结果

小值。

那就可以将近 15 天的最高温度和最低温度构造成 Numpy 数组，然后调用它的统计函数就可以得到结果。

【实现】

```
import numpy as np
# 构造近 15 天的最高、最低温度列表
t =[[24,17],[28,18],[30,22],[30,21],[31,24],[29,23],[32,24],[27,21],[31,21],
[32,23],[26,22],[23,19],[28,18],[26,19],[28,20]]
# 构造 NumPy 的 N 维数组对象
t =np.array(t)
print('近 15 天的最高、最低温度矩阵:')
print(t)
print('-------------------------')
# 近 15 天的平均温度
avg =np.mean(t)
print('近 15 天的温度平均值:')
print(round(avg,1))
# 每天温度的平均值
avg1 =np.mean(t,axis =1)
print('每天温度平均值:')
print(avg1)
# 求最高温度的平均值,最低温度的平均值
avg0 =np.mean(t,axis =0)
print('最高/最低温度的平均值:')
print(avg0)
# 最高温度和最低温度
min =np.amin(t)
max =np.amax(t)
print('最高温度:')
print(max)
print('最低温度:')
print(min)
```

【知识点】

1. NumPy

NumPy（Numerical Python）是 Python 语言的一个扩展程序库，支持大量的维度数组与矩阵运算，此外也针对数组运算提供大量的数学函数库。

NumPy 是一个运行速度非常快的数学库，主要用于数组计算，包含：

1）一个强大的 N 维数组对象 ndarray；

2）广播功能函数；

3）线性代数、傅里叶变换、随机数生成等功能。

NumPy 通常与 SciPy（Scientific Python）和 Matplotlib（绘图库）一起使用，这种组合广

泛用于替代 MATLAB，是一个强大的科学计算环境，有助于通过 Python 学习数据科学或者机器学习。

Anaconda 已经包含 NumPy 库，所以无需安装即可使用。

2. Ndarray 对象

NumPy 最重要的一个特点是其 N 维数组对象 ndarray，它是一系列同类型数据的集合。

将每天的最高/最低温度保存在列表中，再将近 15 天的数据保存在列表中，如：t = [[24，17]，[28，18]，[30，22]，[30，21]，[31，24]，[29，23]，[32，24]，[27，21]，[31，21]，[32，23]，[26，22]，[23，19]，[28，18]，[26，19]，[28，20]]，这个时候 t 是列表 list 类型。需要将 t 转换为 Numpy 的 ndarray 对象，后续才能使用 Numpy 的统计函数。创建一个 ndarray 只需调用 NumPy 的 array 函数即可：

```
numpy.array(object, dtype = None, copy = True, order = None, subok = False, ndmin = 0)
```

其中主要关注参数 object，它是数组或嵌套的数列。

这里的转换代码如下：

```
t = np.array(t)
```

3. 统计函数

NumPy 提供了很多统计函数，用于从数组中查找最小元素、最大元素、百分位标准差和方差等。

numpy.mean() 函数返回数组中元素的算术平均值。如果提供了轴，则沿轴计算。例如：numpy.mean(t) 表示返回数组中所有元素的平均值。二维 Numpy 数组中轴沿行和列的方向，如图 2-52 所示，numpy.mean(t,axis = 1) 表示沿轴

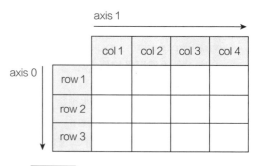

图 2-52　二维 Numpy 中轴的方向

1 计算并返回数组的平均值，numpy.mean(t, axis = 0) 表示沿轴 0 计算并返回数组的平均值。

numpy.amin() 用于计算数组中的元素沿指定轴的最小值。

numpy.amax() 用于计算数组中的元素沿指定轴的最大值。

本例进行了一些简单的数据分析，还是以数据形式展示。为了更加直观地看到数据的变化，下面将采用图表方式展示。

2.6　数据可视化

以文本或数值形式展示数据，不能很好地展示数据之间的关系和规律，用一些图表方式展示数据不仅更直观，也更方便传达与沟通。所以数据可视化对于数据分析而言是非常有必要的。

2.6.1　数据可视化概述

数据可视化是指将数据以视觉表现形式来呈现，如图表。通过数据可视化，清晰有效地将数据中的各种属性和变量呈现出来，使用户可以从不同的维度观察数据，从而对数据进行

更深入的观察和分析。

图表的类型有直方图、折线图、条形图、散点图等。其中直方图适用于比较数据之间的多少；折线图反映一组数据的变化趋势；条形图显示各个项目之间的比较情况；散点图显示若干数据系列中各数值之间的关系。

数据可视化工具有很多，比如：Matplotlib、Seaborn、Pyecharts 等。

Matplotlib 是 Python 的绘图库，仅通过几行代码便可以生成直方图、条形图等，它与NumPy 一起使用，提供了一种有效的 MATLAB 开源替代方案。

Seaborn 是基于 Matplotlib 的可视化库，它提供了一种高度交互式界面，便于用户做出各种有吸引力的统计图表。

Pyecharts 是一款将 Python 与 ECharts 结合的强大的数据可视化工具，用于 Web 绘图，有较多的绘图种类，且代码量比较少。Pyecharts 可以将图片保存为多种格式，但需要插件，否则只能保存为 html 格式。

2.6.2　实例6：脱贫攻坚

【导入】

习近平总书记把"中国梦"定义为"实现中华民族伟大复兴，就是中华民族近代以来最伟大的梦想"，并且表示这个梦"一定会实现"。"中国梦"的核心目标也可以概括为"两个一百年"的目标，也就是：到中国共产党成立一百年时，全面建成小康社会，到新中国成立一百年时，全面建成社会主义现代化强国。

2015 年，全国 832 个贫困县名单公布，从 2016 年开始，我国贫困县逐年脱贫，历经 5年，终于在 2020 年底全部摘帽，"贫困县"正式成为中国人的一段历史记忆。

【目标】

据贝果财经发布的我国历年贫困县数量统计：2015 年有 832 个贫困县，2016 年 804 个，2017 年 679 个，2018 年 396 个，2019 年 52 个，2020 年 0 个，将这些数据以折线图展示，如图 2-53 所示。

现有 2015 年全国 832 个贫困县各省区分布情况 csv 文件，将数据以条形图展示，如图 2-54所示。

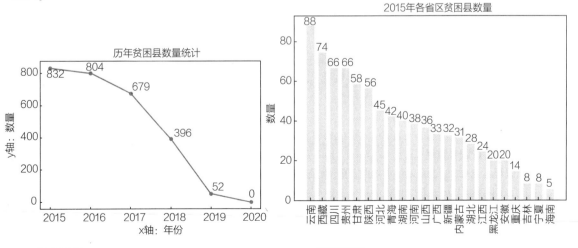

图 2-53　我国历年贫困县数量折线图　　　　图 2-54　2015 年各省区贫困县条形图

【分析】

本例关于数据可视化。用图表形式更直观地展示数据，可以使用 matplotlib 轻松实现。我国历年贫困县数据可以用 numpy 构造，然后使用 matplotlib 的 plot() 绘制折线图，还可以设置图表的标题、x/y 轴标签、显示中文字体、显示数字等。2015 年各省区贫困县数据是保存在 csv 文件中的，可以用 pandas 读取文件，然后使用 matplotlib 的 bar() 绘制条形图，也可以设置图表标题、x/y 轴标签、显示数字等。

【实现】

```python
import numpy as np
from matplotlib import pyplot as plt
import pandas as pd
# 构造 2015 - 2020 年贫困县数量列表
d = [[2015,832],[2016,804],[2017,679],[2018,396],[2019,52],[2020,0]]
# 构造 NumPy 的 N 维数组对象
d = np.array(d)
# x 轴数据为 d 的第 1 列(索引 0);y 轴数据为 d 的第 2 列
x = d[:,0]
y = d[:,1]
# 显示中文字体
plt.rcParams['font.family'] = ['STFangsong']
# 绘制折线图
plt.plot(x,y,marker = 'o')
# 加标题
plt.title("历年贫困县数量统计")
# 加 x 轴 y 轴标签
plt.xlabel("x 轴:年份")
plt.ylabel("y 轴:数量")
# 显示数字
for a,b in zip(x,y):
plt.text(a,b,b,ha = 'center', va = 'bottom', fontsize = 13)
# 显示图
plt.show()
# 2015 年各省区贫困县条形图
# 读取文件信息
path = open('2015 年各省区贫困县数量 1.csv')
data = pd.read_csv(path)
# 取出 x 轴、y 轴数据
x = data['省份']
y = data['贫困县数量']
# 设置显示 x 轴的刻标以及对应的标签,以及标签的旋转角度
plt.xticks(range(22),x,rotation = 60)
# 设置 y 轴标签
plt.ylabel('数量')
# 设置标题
```

```
plt.title('2015 年各省区贫困县数量')
# 绘制条形图
a = plt.bar(x, y, 0.7)
# 显示数字
for i in a:
    h = i.get_height()
plt.text(i.get_x() + i.get_width()/2, h, '% d'% int(h), ha ='center', va ='bottom')
# 显示图
plt.show()
```

【知识点】

1. matplotlib

matplotlib 风格类似 MATLAB，是 Python 的绘图库，它提供了一整套和 MATLAB 相似的命令 API，十分适合交互式地进行制图，也可以方便地将它作为绘图软件，嵌入 GUI 应用程序中。

matplotlib 仅通过几行代码便可以生成折线图、条形图、饼图、散点图等。matplotlib 默认情况不支持中文，可以使用系统字体，比如仿宋，代码如下：

```
plt.rcParams['font.family'] = ['STFangsong']
```

2. 折线图

使用 matplotlib.pyplot.plot( ) 绘制折线图，plot( ) 各参数含义如表 2 – 6 所示，例如 plt.plot(x, y, marker ='o')，除了指定了 x 轴和 y 轴的数据，折线上数据点还使用圆圈标记。plt.show( ) 是显示图表。还可以美化图表：加图表标题 plt.title( )；加 x/y 轴标签 plt.xlabel( )、plt.ylabel( )；显示折线上数据点的数字，代码如下：

```
for a,b in zip(x,y):
    plt.text(a,b,b,ha ='center', va ='bottom', fontsize =13)
```

表 2 – 6　plot() 各参数含义

参数	接收值	说明	默认值
x, y	array	表示 x 轴与 y 轴对应的数据	无
color	string	表示折线的颜色	None
marker	string	表示折线上数据点处的类型	None
linestyle	string	表示折线的类型	–
linewidth	数值	线条粗细：linewidth =1. =5. =0.3	1
alpha	0 ~1 之间的小数	表示点的透明度	None
label	string	数据图例内容：label = '实际数据'	None

3. 条形图

使用 matplotlib.pyplot.bar( ) 绘制条形图，bar( ) 各参数含义如表 2 – 7 所示，例如 plt.bar(x, y, 0.7)，指定了 x 轴、y 轴数据，以及柱形图颜色透明度。其中 y 轴数据是各省贫困县数量，取出一列数据：y = data ['贫困县数量']，x 轴数据是各省份，取出一列数据：x =

data［'省份'］，x 轴数据的显示使用 xticks（）设置成自己想要的样子，例如 plt. xticks（range（22），x，rotation＝60），第一个参数 range（22）表示 x 坐标轴的位置，第二个参数 x 表示坐标轴位置上显示的 lable 标签内容，第三个参数 rotation＝60 表示 lable 显示的旋转角度。

　　plt. show（）是显示图表。还可以美化图表：加图表标题 plt. title（）；加 x/y 轴标签 plt. xlabel（）、plt. ylabel（）；显示条形图上的数据，代码如下：

```
for i in a:
    h = i.get_height()
    plt.text(i.get_x() + i.get_width()/2, h, '% d'% int(h), ha ='center', va ='bottom')
```

表 2－7　bar() 各参数含义

参数	接收值	说明	默认值
left	array	x 轴	无
height	array	柱形图的高度，也就是 y 轴的数值	无
alpha	数值	柱形图的颜色透明度	1
width	数值	柱形图的宽度	0.8
color(facecolor)	string	柱形图填充的颜色	随机色
edgecolor	string	图形边缘颜色	None
label	string	解释每个图像代表的含义	无
linewidth(linewidths/lw)	数值	边缘或线的宽度	1

习　　题

一、选择题

1. Python 之父是（　　）。

　　A. Guido van Rossum　　　B. James Gosling　　　C. Dennis M Ritchie　　　D. Bjarne Stroustrup

2. （多选）最受欢迎的编程语言前三是（　　）。

　　A. JavaScript　　　　　　B. C　　　　　　　　　C. Java　　　　　　　　　D. Python

3. （多选）Python 语言的特点有（　　）。

　　A. 简洁易读　　　　　　B. 免费开源　　　　　　C. 跨平台、易扩展　　　D. Python 类库丰富

4. （多选）Python 的应用领域有（　　）。

　　A. Web 开发、网络爬虫　B. 自动化测试、运维　C. 人工智能　　　　　　D. 数据分析与挖掘

5. 程序的基本结构包括（　　）。

　　A. 顺序　　　　　　　　B. 分支　　　　　　　　C. 循环　　　　　　　　D. 返回

6. （多选）使用 turtle 库绘制五角星时，包含下列哪些操作？（　　）

　　A. 安装 turtle　　　　　　B. 引用 turtle　　　　　C. 设置填充颜色　　　　D. 开始填充图形

　　E. 画笔向前移动、向右转动　　　　F. 判断画笔是否回到原点　　　　G. 填充完成

二、判断题

1. 字符串 s，操作 s［:: －1］表示从前往后取出 s 中所有字符。

2. 字符串 s = "我爱中国人"，s［0：4］表示取出字符串 s 中索引为 0 到 4 的字符串，结果为：我爱中国人。

3. Python 中除法和整除是不一样的：3/2 的结果是 1.5，3//2 的结果是 1。

4. 爬虫实质是模拟浏览器发送请求获取响应。

5. 数据分析是指通过分析手段、方法对处理好的数据进行探索、分析，从中发现关系。

三、思考题

1. 简述 Python 的应用领域。

2. 简述 PyCharm 与 Anaconda 的区别。

3. 简述网络爬虫爬取数据的过程。

4. 请描述数据分析的流程。

5. 请列举数据可视化的工具。

第3章
机器学习与深度学习

技能目标

会简单汽车识别和手写数字识别。

知识目标

熟悉机器学习和深度学习的应用场景；了解机器学习与深度学习的区别；了解人工智能、机器学习与深度学习的区别；掌握机器学习中的分类与聚类；熟悉机器学习和深度学习的相关框架。

素质目标

树立科技报国的人生理想，立志服务祖国的科技发展事业；培养科学钻研精神，树立严谨、理性的科学思维。

3.1　机器学习应用场景

3.1.1　机器学习应用范围

机器学习在指纹识别、特征物体检测等领域的应用基本达到了商业化的要求。从范围上来说，机器学习与模式识别、数据挖掘、统计学习是类似的，同时，机器学习与其他领域的处理技术结合，形成了计算机视觉、语音识别、自然语言处理等交叉学科，因此机器学习的应用范围为以下六个。

1）模式识别：模式识别等同于机器学习。两者的主要区别在于前者是从工业界发展起来的概念，后者则主要源自计算机学科。在著名的 *Pattern Recognition And Machine Learning* 一书中，Christopher M. Bishop 在开头是这样说的："模式识别源自工业界，而机器学习来自于计算机学科。不过，它们中的活动可以被视为同一个领域的两个方面，同时在过去的十年间，它们都有了长足的发展。"

2）数据挖掘：数据挖掘等同于机器学习 + 数据库。数据挖掘仅仅是一种方式，但不是所有的数据都具有价值，所以数据挖掘思维方式才是关键，加上对数据深刻的认识，这样才可能从数据中导出模式指引业务的改善。大部分数据挖掘中的算法是机器学习的算法在数据库中的优化。

3）统计学习：统计学习近似等于机器学习。统计学习是与机器学习高度重叠的学科。因为机器学习中的大多数方法来自统计学，甚至可以认为，统计学的发展促进机器学习的繁荣昌盛。例如著名的支持向量机算法就是源自统计学科。两者的区别在于：统计学习重点关注的是统计模型的发展与优化，偏数学；而机器学习更关注的是能够解决问题，偏实践，因此机器学习研究者会重点研究学习算法在计算机上执行的效率与准确性的提升。

4）计算机视觉：计算机视觉等同于图像处理＋机器学习。图像处理技术用于将图像处理为适合进入机器学习模型中的输入，机器学习则负责从图像中识别出相关的模式。计算机视觉相关的应用非常多，例如百度识图、手写字符识别、车牌识别等。这个领域将是未来研究的热门方向。机器学习的新领域深度学习的发展大大促进了计算机图像识别的效果，因此未来计算机视觉的发展前景不可估量。

5）语音识别：语音识别等同于语音处理＋机器学习。语音识别就是音频处理技术与机器学习的结合。语音识别技术一般不会单独使用，一般会结合自然语言处理的相关技术。目前的相关应用有苹果的语音助手 Siri 等。

6）自然语言处理：自然语言处理等同于文本处理＋机器学习。自然语言处理技术主要是让机器理解人类的语言的一门技术。在自然语言处理技术中，大量使用了编译原理相关的技术，例如词法分析、语法分析等，除此之外，在理解这个层面，则使用了语义理解、机器学习等技术。作为唯一由人类自身创造的符号，自然语言的处理一直是机器学习界不断研究的方向。

机器学习分支如图 3 - 1 所示。

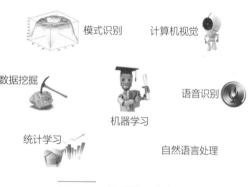

图 3-1 　机器学习分支

3.1.2 　自动驾驶

自动驾驶汽车（Autonomous Vehicles；Self - driving Automobile） 又称无人驾驶汽车或轮式移动机器人，是一种通过计算机系统实现无人驾驶的智能汽车。自动驾驶汽车模型如图 3 - 2 所示。自动驾驶汽车在 20 世纪已有数十年的历史，21 世纪初呈现出接近实用化的趋势。

自动驾驶汽车依靠人工智能、视觉计算、雷达、监控装置和全球定位系统协同合作，让计算机可以在没有任何人类的主动操作下，自动安全地操控机动车辆。

汽车自动驾驶技术通过视频摄像头、雷达传感器以及激光测距器了解周围的交通状况，并通过一个详尽的地图（通过有人驾驶汽车采集的地图）对前方的道路进行导航。根据自动化水平的高低区分了四个无人驾驶的阶段：驾驶辅助、部分自动化、高度自动化、完全自动化。

图 3-2 　自动驾驶汽车模型

1. 驾驶辅助系统（DAS）

目的是为驾驶者提供协助，包括提供重要或有益的驾驶相关信息，以及在形势开始变得危急的时候发出明确而简洁的警告。驾驶辅助系统有"车道偏离警告"（LDW）系统等。

2. 部分自动化系统

在驾驶者收到警告却未能及时采取相应行动时能够自动进行干预的系统，如"自动紧急制动"（AEB）系统和"应急车道辅助"（ELA）系统等。

3. 高度自动化系统

能够在或长或短的时间段内代替驾驶者承担操控车辆的职责，但是仍需驾驶者对驾驶活动进行监控的系统。

4. 完全自动化系统

完全自动化系统需具备以下几部分结构：激光雷达、前置摄像头、左后轮传感器、前后雷达和主控计算机。

1）激光雷达。车顶的"水桶"形装置是自动驾驶汽车的激光雷达，它能对半径60m的周围环境进行扫描，并将结果以3D地图的方式呈现出来，给予计算机最初步的判断依据，如图3-3所示。

2）前置摄像头。自动驾驶汽车需要前置摄像头。谷歌在汽车的后视镜附近安置了一个摄像头，用于识别交通信号灯，并在车载计算机的辅助下辨别移动的物体，比如前方车辆、自行车或是行人，如图3-4所示。

图3-3　激光雷达

图3-4　前置摄像头

3）左后轮传感器。很多人第一眼会觉得这个像是方向控制设备，而事实上这是自动驾驶汽车的位置传感器，它通过测定汽车的横向移动来帮助计算机给汽车定位，确定它在马路上的正确位置，如图3-5所示。

4）前后雷达。谷歌在无人驾车汽车上分别安装了4个雷达传感器（前方3个，后方1个），用于测量汽车与前（和前置摄像头一同配合测量）后左右各个物体间的距离，如图3-6所示。

5）主控计算机。自动驾驶汽车最重要的主控计算机被安排在后车厢，这里除了用于运算的计算机外，还有拓普康（拓普康是日本一家负责工业测距和生产医

图3-5　左后轮传感器

疗器械的厂商）的测距信息综合器，这套核心装备将负责汽车的行驶路线、方式的判断和执行。

图 3-6　前后雷达

图 3-7　主控计算机

3.2　机器学习概述

机器学习的定义是计算机利用已有的数据（经验），得出了某种模型（规律），并利用此模型预测未来数据特征的一种方法。

3.2.1　人工智能、机器学习和深度学习的区别

1. 人工智能

人工智能（Artificial Intelligence）简称 AI，是指为机器赋予人的智能。人工智能是计算机科学的一个分支，它企图了解智能的本质，并生产出一种新的能以人类智能相似的方式做出反应的智能机器，是研究、开发用于模拟、延伸和扩展人的智能的理论、方法、技术及应用系统的一门新的技术科学。

2. 机器学习

机器学习（Machine Learning）简称 ML，是一种实现人工智能的方法。机器学习属于人工智能的一个分支，也是人工智能的核心。机器学习理论主要是设计和分析一些让计算机可以"自动"学习的算法。

3. 深度学习

深度学习（Deep Learning）简称 DL，是一种实现机器学习的技术。最初的深度学习是利用深度神经网络来解决特征表达的一种学习过程。深度神经网络本身并不是一个全新的概念，可以大致理解为包含多个隐含层的神经网络结构。为了提高深层神经网络的训练效果，人们对神经元的连接方法和激活函数等方面做出了相应的调整。深度学习是机器学习研究中的一个新的领域，其动机在于建立、模拟人脑进行分析学习的神经网络，它模仿人脑的机制来解释数据，如图像、声音、文本。

如图 3-8 所示，人工智能是最早出现的，也是范围最大的；其次是机器学习，稍晚一点；最小的是深度学习，是当今人工智能"大爆炸"的核心驱动。20 世纪 50 年代，人工智能曾一度被极为看好。之后，人工智能的一些较小的子集发展了起来。先是机器学习，然后是深度学习。深度学习又是机器学习的子集。深度学习产生了前所未有的巨大影响。

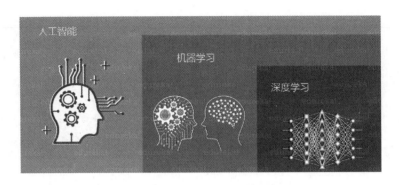

图3-8　人工智能发展图

3.2.2　机器学习的发展

在机器学习领域，计算机科学家不断探索，基于不同的理论创建出不同的机器学习模型。从其发展历程来说，大致经历了三个阶段。

1. 符号主义时代（1980 年左右）

机器学习最早可以追溯到对人工神经网络的研究。1943 年，Warren McCulloch 和 Wallter Pitts 提出了神经网络层次结构模型，确立了神经网络的计算模型理论，从而为机器学习的发展奠定了基础。1950 年，"人工智能之父"图灵提出了著名的"图灵测试"，使人工智能成为科学领域的一个重要研究课题。

1957 年，康奈尔大学教授 Frank Rosenblatt 提出了 Perceptron 概念，并且首次用算法精确定义了自组织自学习的神经网络数学模型，设计出了第一个计算机神经网络。这个机器学习算法成为神经网络模型的开山鼻祖。1959 年美国 IBM 公司的 A. M. Samuel 设计了一个具有学习能力的跳棋程序，曾经战胜了美国保持 8 年不败的冠军。这个程序向人们初步展示了机器学习的能力。

1962 年，Hubel 和 Wiesel 发现了猫脑皮层中独特的神经网络结构可以有效降低学习的复杂性，从而提出著名的 Hubel – Wiese 生物视觉模型，这之后提出的神经网络模型均受此启迪。

1969 年，人工智能研究的先驱者 Marvin Minsky 和 Seymour Papert 出版了对机器学习研究有深远影响的著作 *Perceptron*，其中对于机器学习基本思想的论断：解决问题的算法能力和计算复杂性，影响深远且延续至今。

1980 年夏，在美国卡内基梅隆大学举行了第一届机器学习国际研讨会，标志着机器学习研究在世界范围内兴起。1986 年，*Machine Learning* 创刊，标志着机器学习逐渐为世人瞩目并开始加速发展。

1986 年，Rumelhart、Hinton 和 Williams 联合在《自然》杂志发表了著名的反向传播算法（BP）。1989 年，美国贝尔实验室学者 Yann 和 LeCun 教授提出了目前最为流行的卷积神经网络（CNN）计算模型，推导出基于 BP 算法的高效训练方法，并成功地应用于英文手写体识别。

2. 概率论时代（1990—2000 年）

进入 20 世纪 90 年代，多浅层机器学习模型相继问世，诸如逻辑回归、支持向量机等，这些机器学习算法的共性是数学模型为凸代价函数的最优化问题，理论分析相对简单，容易从训练样本中学习到内在模式，来完成对象识别、人物分配等初级智能工作。

2006 年，机器学习领域泰斗 Geoffrey Hinton 和 Ruslan Salakhutdinov 发表文章，提出了深度学习模型。主要论点包括：多个隐层的人工神经网络具有良好的特征学习能力；通过逐层初始化来克服训练的难度，实现网络整体调优。这个模型的提出，开启了深度网络机器学习的新时代。2012 年，Hinton 研究团队采用深度学习模型赢得了计算机视觉领域最具有影响力的 ImageNet 比赛冠军，标志着深度学习进入第二阶段。

深度学习近年来在多个领域取得了令人赞叹的成绩，推出了一批成功的商业应用，诸如谷歌翻译、苹果语音工具 Siri、微软的 Cortana 个人语音助手、蚂蚁金服的 Smile to Pay 扫脸技术。特别是 2016 年 3 月，谷歌的 AlphaGo 与围棋世界冠军、职业九段棋手李世石进行围棋人机大战，以 4:1 的总比分获胜。2017 年 10 月 18 日，DeepMind 团队公布了最强版 AlphaGo，代号 AlphaGo Zero，它能在无任何人类输入的条件下，从空白状态学起，自我训练的时间仅为 3 天，自我对弈的棋局数量为 490 万盘，能以 100:0 的战绩击败前辈。

3. 联结主义时代（2010 年以后）

目前，以深度学习为代表的机器学习领域的研究与应用取得的巨大进展有目共睹，有力地推动了人工智能的发展。但是也应该看到，它毕竟还是一个新生事物，多数结论是通过实验或经验获得，还有待于理论的深入研究与支持。CNN 的推动者和创始人之一的美国纽约大学教授 Yann LeCun 在 2015IEEE 计算机视觉与模式识别会议上指出深度学习的几个关键限制：缺乏背后工作的理论基础和推理机制；缺乏短期记忆；不能进行无监督学习。基于多层人工神经网络的深度学习受到人类大脑皮层分层工作的启发，虽然深度学习是目前最接近人类大脑的智能学习方法，但是当前的深度网络在结构、功能、机制上都与人脑有较大的差距。并且对大脑皮层本身的结构与机理还缺乏精准认知，如果要真正模拟人脑的神经元组成的神经系统，目前还难以实现。因此，对计算神经科学的研究还需要有很长一段路要走。此外，机器学习模型的网络结构、算法及参数越来越庞大、复杂，通常只有在大数据量、大计算量支持下才能训练出精准的模型，对运行环境要求越来越高、占用资源也越来越多，这也抬高了其应用门槛。总之，机器学习方兴未艾并且拥有广阔的研究与应用前景，但是面临的挑战也不容忽视，二者交相辉映才能够把机器学习推向更高的境界。机器学习的发展仍然处于初级阶段，目前虽然有各种各样的机器学习算法，但仍无法从根本上解决机器学习所面临的壁垒，机器学习仍然主要依赖监督学习，还没有跨越弱人工智能。

3.2.3　机器学习的分类

可以按照输入的数据本身是否已被标定特定的标签将机器学习区分为有监督学习、无监督学习以及半监督学习三类，如图 3-9 所示。

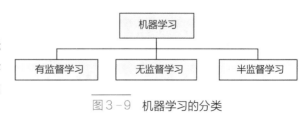

图 3-9　机器学习的分类

1. 有监督学习（Supervised Learning）

从带标签（标注）的训练样本中建立一个模式（模型），并依此模式推测新的数据标签的算法。例如，在一个猫狗图片分类任务中，给定很多图片，有的标记为猫，有的标记为狗，监督学习的目标是学习输入特征与标签之间的映射关系。

2. 无监督学习（Unsupervised Learning）

在学习时并不知道其分类结果，其目的是对原始资料进行分类，以便了解资料内部结构的算法。例如，在一个图片分类任务中，给定很多图片，却没有给出图片的标签，无监督学习算法需要对这些图片进行聚类，以区分不同类型的图片。

3. 半监督学习(Semi-Supervised Learning)

利用少量标注样本和大量未标注样本进行机器学习，利用数据分布上的模型假设，建立学习器对未标注样本进行标注。

3.2.4　各主流框架基本情况

各主流框架技术应用与性能比较如表 3-1 和表 3-2 所示。

表 3-1　各主流框架

库名	发布者	支持语言	支持系统
TensorFlow	Google	Python/C++/Java/Go	Linux/Mac OS/Android/iOS
Caffe	UC Berkeley	Python/C++/MATLAB	Linux/Mac OS/Windows
CNTK	Microsoft	Python/C++/BrainScript	Linux/Windows
MXNet	DMLC(分布式机器学习社区)	Python/C++/Matlab/Julia/Go/R/Scala	Linux/Mac OS/Windows/Android/iOS
Torch	Facebook	C/Lua/	Linux/Mac OS/Windows/Android/iOS
Theano	蒙特利尔大学	Python	Linux/Mac OS/Windows
Neon	Intel	Python	Linux

表 3-2　各框架性能比较

库名	学习材料丰富程度	CNN 建模能力	RNN 建模能力	易用程度	运行速度	多 GPU 支持程度
TensorFlow	★★★	★★★	★★	★★★	★★	★★
Caffe	★	★★	★	★	★	★
CNTK	★	★★★	★★★	★	★★	★
MXNet	★★	★★	★	★★	★★	★★★
Torch	★	★★★	★★	★★	★★★	★★
Theano	★★	★★	★★	★	★★	★★
Neon	★	★★	★	★	★★	★★

1. Torch

Torch 是一种广泛支持把 GPU 放在首位的机器学习算法的科学计算框架。由于使用了简单快速的脚本语言 LuaJIT 和底层的 C/CUDA 来实现，使得该框架易于使用且高效。Torch 目标是让用户通过极其简单的过程、最大的灵活性和速度建立自己的科学算法。Torch 是基于 Lua 开发的，拥有一个庞大的生态社区驱动库包，涉及机器学习、计算机视觉、信号处理、并行处理，图像、视频、音频和网络等。

2. Theano

Theano 是一个基于 BSD 协议发布的可定义、可优化和可数值计算的 Python 库。使用 Theano 也可以达到与用 C 实现大数据处理的速度，是支持高效机器学习的算法。

3. Caffe 和 Caffe2

深度学习框架 Caffe 开发时秉承的理念是"表达、速度和模块化"，最初是源于 2013 年的机器视觉项目，此后，Caffe 还得到扩展，吸收了其他的应用，如语音和多媒体。因为速度放在优先位置，所以 Caffe 完全用 C++ 实现，并且支持 CUDA 加速，而且根据需要可以在 CPU 和 GPU 处理间进行切换。分发内容包括免费的用于普通分类任务的开源参考模型，以及其他由 Caffe 用户社区创造和分享的模型。

一个新的由 Facebook 支持的 Caffe 迭代版本称为 Caffe2。其目标是为了简化分布式训练和移动部署，提供对于诸如 FPGA 等新类型硬件的支持，并且利用先进的训练特性。

4. Google 的 TensorFlow

与微软的 DMTK 很类似，Google TensorFlow 是一个机器学习框架，旨在跨多个节点进行扩展。就像 Google 的 Kubernetes 一样，它是为了解决 Google 内部的问题而设计的，Google 最终还是把它作为开源产品发布出来。

TensorFlow 实现了所谓的数据流图，其中的批量数据（"tensors"）可以通过图描述的一系列算法进行处理。系统中数据的移动称为"流"，其名也因此得来。这些图可以通过 C++ 或者 Python 实现，并且可以在 CPU 和 GPU 上进行处理。

TensorFlow 的升级提高了与 Python 的兼容性，改进了 GPU 操作，也为 TensorFlow 能够运行在更多种类的硬件上打开了方便之门，并且扩展了内置的分类和回归工具库。

5. 亚马逊的机器学习

亚马逊对云服务的方法遵循一种模式：提供基本的内容，让核心受众关注，让他们在上面构建应用，找出他们真正需要的内容，然后交付给他们。

亚马逊在提供机器学习即服务亚马逊机器学习方面也是如此。该服务可以连接到存储在亚马逊 S3、Redshift 或 RDS 上的数据，并且在这些数据上运行二进制分类、多级分类或者回归以构建一个模型。但是，值得注意的是生成的模型不能导入或导出，而训练模型的数据集不能超过 100GB。

3.3　监督学习与案例体验

3.3.1　监督学习简介

监督学习是从标记的训练数据推断一个功能的机器学习任务。训练数据包括一套训练示例。在监督学习中，每个实例都是由一个输入对象（通常为矢量）和一个期望的输出值

（也称为监督信号）组成。监督学习算法包括分类和回归，对于分类来说，目标变量是样本所属的类别，在样本数据中，包含每一个样本的特征；对于回归来说，回归就是为了预测。

1. 分类（Classification）

y 是离散的类别标记（符号），就是分类问题。损失函数有一般用 0 – 1 损失函数或负对数似然函数。在分类问题中，通过学习得到的决策函数 $f(x, \theta)$ 也叫分类器，相关算法如图 3 – 10 所示。

2. 回归（Regression）

y 是连续值（实数或连续整数），$f(x)$ 的输出也是连续值。这种类型的问题就是回归问题。对于所有已知或未知的 (x, y)，使得 $f(x, \theta)$ 和 y 尽可能一致。损失函数通常定义为平方误差，相关算法如图 3 – 10 所示。

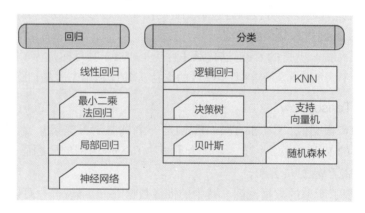

图 3 – 10　回归、分类概述图

3.3.2　电影票房数据分析

在电影数据中，日均票房 = 累计票房/放映天数。当日均票房不超过一百万元时，一般将会在接下来的一周左右下档，我们可能会联想推测，日均票房与放映天数是否存在一定的相关性？在下面，我们将通过一元线性回归对两项数据进行简要的相关性分析，探讨是否可以通过计划放映天数预测电影的票房。

一个完整、充分的数据统计过程主要包括以下步骤：

1）数据读取；

2）数据预处理；

3）模型建立；

4）模型训练；

5）模型预测与可视化。

【实验内容】

电影票房数据分析。

【实验目的】

通过本次实验，要求初步掌握数据分析过程和 Python 数据分析常用包：pandas、

matplotlib、sklearn 的基本使用。

【实验环境】

PyCharm 或 Anaconda 环境、pandas、numpy、matplotlib、sklearn。

【实验步骤】

1. 进入 Jupyter Notebook 开发软件

1）打开"Terminal 终端"命令窗口。如图 3 - 11 所示，在实验环境中，单击鼠标右键弹出菜单，单击【Open Terminal Here】进入"Terminal 终端"命令窗口。

图 3 - 11　打开 Terminal 终端 1

2）打开"jupyter notebook"。如图 3 - 12 所示，在"Terminal 终端"命令窗口中，输入"jupyter notebook"，按回车键，自动打开 Firefox 浏览器，进入"jupyter"（Jupyter Notebook）的"Home Page"界面。完成后即可进行下一步操作。

图 3 - 12　Terminal 终端 1

2. 创建工程文件

在"jupyter"的"Home Page"界面，如图 3 - 13 所示，单击右上角的【新建】按钮，选择【Python 3】，创建新工程文件"未命名.jpynb"，系统自动在 Firefox 浏览器新的标签中打开 Jupyter Notebook 的代码编辑界面。

在打开 Jupyter Notebook 的代码编辑界面中，单击左上角【文件】，在文件下拉菜单中单击【重命名】，如图 3 - 13 所示，弹出"重命名"对话框。输入"电影票房数据分析"，作为工程文件的名称。

图 3 - 13　完整的工程文件名为"电影票房数据分析.jpynb"

3. 数据读取

电影票房数据读取（"film.txt"文件在本书配套资源文件夹中）。

输入如下代码：

```
#conding:utf-8
# 导入 pandas 包
import pandas as pd
df = read_csv('film.txt',delimiter =';')
# 筛选指定内容
df = df[['上映时间','闭映时间', '票房/万']]
# 输出从文件中读取的部分结果
df.head(10)
```

单击【运行】按钮，输出结果如图 3 - 14 所示。

	上映时间	闭映时间	票房/万
0	2014.1.17	2014.2.23	NaN
1	2015.3.27	2015.4.12	192.0
2	2015.7.10	2015.8.23	37900.8
3	2015.12.20	2016.1.31	9.8
4	2015.2.19	2015.4.6	74430.2
5	2015.7.3	2015.7.19	21.7
6	2015.3.5	2015.3.22	83.0
7	2015.12.24	2016.2.13	64959.0
8	2015.2.19	2015.3.29	15631.3
9	2015.6.19	2015.7.19	5068.7

图 3 - 14　电影信息 1

4. 数据预处理

数据清洗：去除带有 NaN（空值）的数据行。

输入如下代码：

```
# 数据清洗:去除带有 NaN(空值)的数据行
df = df.dropna()
# 将上映时间和闭映时间转换为时间类型
df['上映时间'] = pd.to_datetime(df['上映时间'])
df['闭映时间'] = pd.to_datetime(df['闭映时间'])
# 计算电影放映天数
df['放映天数'] = (df['闭映时间'] - df['上映时间']).dt.days + 1
# 将票房数据转换为浮点型
df['票房/万'] = df['票房/万'].astype(float)
# 计算日均票房
df['日均票房/万'] = df['票房/万']/df['放映天数']
# 重置索引列,不添加新的列
df = df.reset_index(drop = True)
# 输出从文件中读取的部分结果
df.head(10)
```

	上映时间	闭映时间	票房/万	放映天数	日均票房/万
0	2015-03-27	2015-04-12	192.0	17	11.294118
1	2015-07-10	2015-08-23	37900.8	45	842.240000
2	2015-12-20	2016-01-31	9.8	43	0.227907
3	2015-02-19	2015-04-06	74430.2	47	1583.621277
4	2015-07-03	2015-07-19	21.7	17	1.276471
5	2015-03-05	2015-03-22	83.0	18	4.611111
6	2015-12-24	2016-02-13	64959.0	52	1249.211538
7	2015-02-19	2015-03-29	15631.3	39	400.802564
8	2015-06-19	2015-07-19	5068.7	31	163.506452
9	2015-12-11	2015-12-27	156.2	17	9.188235

图 3-15 电影信息 2

单击【运行】按钮，输出结果如图 3 - 15 所示。

5. 模型建立与训练（使用一元线性回归分析）

初始化线性回归模型、线性回归拟合（训练）。

输入如下代码：

```
# 导入 sklearn 包
from sklearn import linear_model
# 设定 x 和 y 的值
x = df[['放映天数']]
y = df[['日均票房/万']]
# 初始化线性回归模型
regr = linear_model.LinearRegression()
# 线性回归拟合(训练)
regr.fit(x, y)
```

单击【运行】按钮，输出结果如下所示：

```
LinearRegression(copy_X = True, fit_intercept = True, n_jobs = None, normalize = False)
```

6. 数据可视化

电影票房数据可视化，导入画图包，画散点图。

输入如下代码：

```
# 导入画图包
```

```
import matplotlib.pyplot as plt
# 解决负号显示的问题
plt.rcParams['axes.unicode_minus'] = False
# 可视化
# 设置标题
plt.title('the relationship between the number of days the film shows and the box
office')
# 设置 x,y 轴的标题
plt.xlabel('number of days the film shows')
plt.ylabel('average daily gross revenue')
# 画散点图
plt.scatter(x, y, color ='black')
# 画出预测点,预测点的宽度为 1,颜色为红色
plt.scatter(x, regr.predict(x), color ='red',linewidth =1, marker ='*')
# 添加图例
plt.legend(['original value','predicted value'], loc = 2)
# 显示图像
plt.show()
```

单击【运行】按钮，输出结果如图 3 – 16 所示。

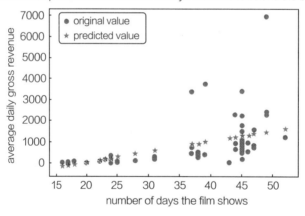

图 3 – 16　电影票房数据可视化

7. 模型预测与可视化

1）拆分训练集和测试集；

2）建立线性回归模型；

3）使用训练集进行拟合；

4）绘制预测值与测试值曲线。

输入如下代码：

```
# 导入包:引入模型选择模块的 train_test_split
from sklearn.model_selection import train_test_split
# 拆分训练集和测试集
```

```
# 调用接口:指定训练集与测试集的大小,返回训练集与测试集切分结果
# train_size:训练样本占比,若为 None 时,自动设置为 0.75
# test_size:测试样本占比,若为 None 时,自动设置为 0.25
# random_state:随机数的种子
x_train, x_test,y_train, y_test = train_test_split(df[['放映天数']],df[['日均票房/
万']],train_size = 0.8, test_size = 0.2, random_state = 1)
# 建立线性回归模型
regr = linear_model.LinearRegression()
# 使用训练集进行拟合
regr.fit(x_train, y_train)
# 给出测试集的预测结果
y_pred = regr.predict(x_test)
print(y_pred)
plt.title('comparison of predicted and tested values')
plt.ylabel('average daily gross revenue')
plt.plot(range(len(y_pred)),y_pred,'red', linewidth = 2.5,label = "predicted
value")
plt.plot(range(len(y_test)),y_test,'green',label = "tested value")
plt.legend(loc = 2)
#显示预测值与测试值曲线
plt.show()
```

单击【运行】按钮,输出结果如图 3 - 17 所示。

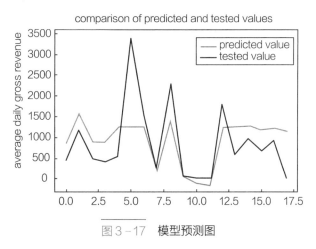

图 3 - 17　模型预测图

【实验总结】

在电影数据中,日均票房 = 累计票房/放映天数。当日均票房不足一百万元时一般将会在接下来的一周左右下档。前面通过一元线性回归对两项数据进行简要的相关性分析,探讨了通过计划放映天数预测电影的票房。

3.3.3　鸢尾花分类

【实验内容】

对鸢尾花数据进行分类、评估与预测。

扫码看视频

【实验目的】

通过本次实验，要求初步掌握数据分析过程和 Python 数据分析常用包：pandas、matplotlib、sklearn 的基本使用。

【实验环境】

PyCharm 或 Anaconda 环境、pandas、numpy、matplotlib、sklearn。

【实验步骤】

1. 进入 Jupyter Notebook 开发软件

1）打开"Terminal 终端"命令窗口。如图 3 – 18 所示，在实验环境中，单击鼠标右键弹出菜单，单击【Open Terminal Here】进入"Terminal 终端"命令窗口。

图 3 – 18　打开 Terminal 终端 2

2）打开"jupyter notebook"。如图 3 – 19 所示，在"Terminal 终端"命令窗口中，输入"jupyter notebook"，按回车键，自动打开 Firefox 浏览器，进入"jupyter"（Jupyter Notebook）的"Home Page"界面。完成后即可进行下一步操作。

图 3 – 19　Terminal 终端 2

2. 创建工程文件

在"jupyter"的"Home Page"界面，如图 3 – 20 所示，单击右上角的【新建】按钮，选择【Python 3】，创建新工程文件"未命名 . jpynb"，系统自动在 Firefox 浏览器新的标签中打开 Jupyter Notebook 的代码编辑界面。

在打开 Jupyter Notebook 的代码编辑界面中，单击左上角【文件】，在文件下拉框中单击【重命名】，如图 3 – 20 所示，弹出"重命名"对话框。输入"鸢尾花分类"，作为工程文件的名称。

图 3 - 20　完整的工程文件名为"鸢尾花分类 . jpynb"。

3. 数据读取

从 iris. csv 文件中读取鸢尾花数据（"iris. csv"文件在本书配套资源文件夹中）。
输入如下代码：

```
#coding:utf - 8
import pandas as pd
df = pd.read_csv('iris.csv', delimiter =',')
df.head()
```

单击【运行】按钮，输出结果如图 3 - 21 所示。

	Id	SepalLengthCm	SepalWidthCm	PetalLengthCm	PetalWidthCm	Species
0	1	5.1	3.5	1.4	0.2	Iris-setosa
1	2	4.9	3.0	1.4	0.2	Iris-setosa
2	3	4.7	3.2	1.3	0.2	Iris-setosa
3	4	4.6	3.1	1.5	0.2	Iris-setosa
4	5	5.0	3.6	1.4	0.2	Iris-setosa

图 3 - 21　鸢尾花信息

4. 数据预处理

对鸢尾花类别进行数值化处理。

输入如下代码：

```
from sklearn import preprocessing
# 对类别进行数值化处理
le = preprocessing.LabelEncoder()
df['Cluster'] = le.fit_transform
(df['Species'])
df.head()
```

	Id	SepalLengthCm	SepalWidthCm	PetalLengthCm	PetalWidthCm	Species	Cluster
0	1	5.1	3.5	1.4	0.2	Iris-setosa	0
1	2	4.9	3.0	1.4	0.2	Iris-setosa	0
2	3	4.7	3.2	1.3	0.2	Iris-setosa	0
3	4	4.6	3.1	1.5	0.2	Iris-setosa	0
4	5	5.0	3.6	1.4	0.2	Iris-setosa	0

图 3 - 22　数据预处理

单击【运行】按钮，输出结果如图 3 - 22 所示。

5. 源数据可视化

对鸢尾花源数据进行可视化展现。

输入如下代码：

```
import numpy as np
import matplotlib.pyplot as plt
plt.rcParams['axes.unicode_minus'] = False
X = df[['SepalLengthCm','SepalWidthCm','PetalLengthCm','PetalWidthCm']]
Y = df[['Cluster','Species']]
#可视化展现
grr = pd.plotting.scatter_matrix(X,c = np.squeeze(Y[['Cluster']]),figsize = (8,
8),marker = "o",hist_kwds = {'bins':20},s = 60,alpha = .8,cmap = plt.cm.Paired)
plt.show()
```

单击【运行】按钮，输出结果如图 3 - 23 所示。

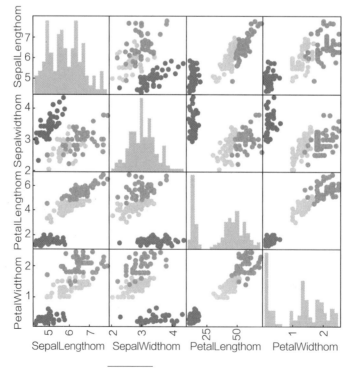

图 3 - 23　源数据可视化图

6. 模型建立与训练

对鸢尾花数据集进行切分，使用 K 近邻建立模型并进行训练。输入如下代码，单击【运行】按钮。

```
from sklearn.model_selection import train_test_split
from sklearn.neighbors import KNeighborsClassifier
# 数据集切分
x_train, x_test,y_train, y_test = train_test_split(X,Y)
# 使用 K 近邻建立模型并进行训练
knn = KNeighborsClassifier(n_neighbors =5)
knn.fit(x_train,np.squeeze(y_train[['Cluster']]))
y_pred = knn.predict(x_test)
```

7. 模型评估

评估训练好的模型。

输入如下代码：

```
# 模型评估结果
print("预测准确度:{:.2f}".format(knn.score(x_test,y_
test[['Cluster']])))
    print(pd.crosstab(y_test['Cluster'], y_pred, rownames =
['Actual Values'], colnames =['Prediction']))
```

单击【运行】按钮，输出结果如图 3 - 24 所示。

【实验总结】

本节主要通过数据分析对鸢尾花进行分类、评估与预测。

```
预测准确度:0.97
Prediction      0    1    2
Actual Values
0               8    0    0
1               0   16    0
2               0    1   13
```

图 3 - 24　模型评估数据图

3.4　无监督学习与案例体验

3.4.1　无监督学习简介

无监督学习就是在样本数据中只有数据，而没有对数据进行标记。无监督学习的目的就是让计算机对这些原始数据进行分析，让计算机自己去学习、找到数据之间的关系。无监督学习主要包括：聚类、降维，如图 3 - 25所示。

聚类是对于未标记的数据，在训练时根据数据本身的数据特征进行特训，呈现出数据集聚的形式，每一个集聚群中的数据彼此都是相似的性质，从而形成分组。聚类的方法有以下几种：

1）基于划分的聚类方法（Partitioning Methods）：K - Means 算法、K-Medoids 算法、CLARANS 算法。

2）基于层次的聚类方法（Hierarchical

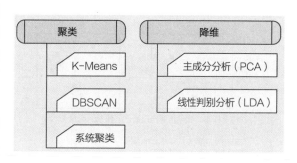

图 3 - 25　聚类与降维分类图

Methods）：BIRCH 算法、CURE 算法、CHAMELEON 算法。

3）基于密度的聚类方法（Density-based Methods）：DBSCAN 算法、OPTICS 算法、DENCLUE 算法。

4）基于网格的聚类方法（Grid-based Methods）：STING 算法、CLIQUE 算法、WAVE-CLUSTER 算法。

5）基于模型的聚类方法（Model-based Methods）：统计的方案和神经网络的方案。

聚类方法的优点是对数据输入的顺序不敏感。其缺点是在数据分布稀疏时，分类不准确；当高维数据集中存在大量无关的属性时，使得在所有维度中存在簇的可能性几乎为零；缺乏处理"噪声"数据的能力。

在许多领域的研究与应用中，通常需要对含有多个变量的数据进行观测，收集大量数据后进行分析，寻找规律，多变量大数据集无疑会为研究和应用提供丰富的信息，但是也在一定程度上增加了数据采集的工作量，降维是缓解维数灾难的一种重要方式，就是通过某种数学变换将原始高位属性空间转变成一个低维子空间。

K – Means 是典型的聚类方法。其中，K 表示类别数，Means 表示均值。顾名思义，K – Means是一种通过均值对数据点进行聚类的方法。K – Means 算法的思想很简单，对于给定的样本集，按照样本之间的距离大小，将样本集划分为 K 个簇。让簇内的点尽量紧密地连在一起，而让簇间的距离尽量大。

K – Means 的算法步骤如图 3 – 26 所示。

1）（随机）选择 K 个聚类的初始中心；

2）对任意一个样本点，求其到 K 个聚类中心的距离，将样本点归类到距离最小的中心的聚类，如此迭代 n 次；

3）每次迭代过程中，利用均值等方法更新各种聚类的中心点（质心）；

4）对 K 个聚类中心，利用（2）、（3）步迭代更新后，如果位置点变化很小（可以设置阈值），则认为达到稳定状态，迭代结束。对不同的聚类块和聚类中心可选择不同的颜色标注。

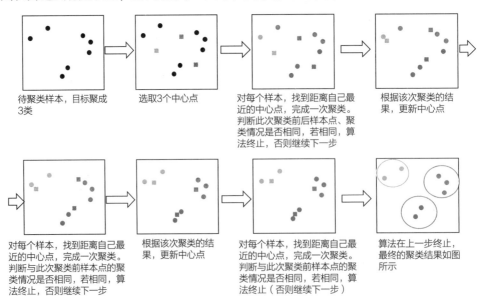

图 3 – 26　K – Means 的算法步骤

3.4.2 使用 K−Means 对用户进行分类

扫码看视频

电影评分数据文件中存储了两列数据，分别表示用户对两部电影的评分，根据评分值的相似性，使用 K−Means 对相似数据进行聚类，将其分成不同的用户群。本实验将使用 K−Means 对观影用户进行聚类。

【实验内容】

使用 K−Means 对观影用户进行聚类，将其分成不同的用户群。

【实验目的】

通过本次实验，要求初步掌握数据分析过程和 Python 数据分析常用包：pandas、matplotlib、sklearn 的基本使用。

【实验环境】

PyCharm 或 Anaconda 环境、pandas、numpy、matplotlib、sklearn。

【实验步骤】

1. 进入 Jupyter Notebook 开发软件

1）打开"Terminal 终端"命令窗口。如图 3−27 所示，在实验环境中，单击鼠标右键弹出菜单，单击【Open Terminal Here】进入"Terminal 终端"命令窗口。

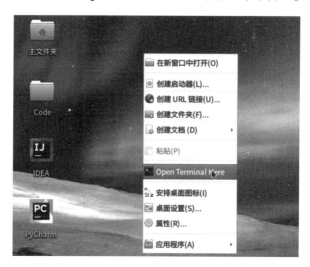

图 3−27　打开 Terminal 终端 3

2）打开"jupyter notebook"。如图 3−28 所示，在"Terminal 终端"命令窗口中，输入"jupyter notebook"，按回车键，自动打开 Firefox 浏览器，进入"jupyter"（Jupyter Notebook）的"Home Page"界面。完成后即可进行下一步操作。

图 3−28　Terminal 终端 3

2. 创建工程文件

在"jupyter"的"Home Page"界面，如图 3 - 29 所示，单击右上角的【新建】按钮，选择【Python 3】，创建新工程文件"未命名.jpynb"，系统自动在 Firefox 浏览器新的标签中打开 Jupyter Notebook 的代码编辑界面。

在打开 Jupyter Notebook 的代码编辑界面中，单击左上角【文件】，在文件下拉框中单击【重命名】，如图 3 - 29 所示，弹出"重命名"对话框。输入"使用 K - Means 对观影用户进行聚类"，作为工程文件的名称。

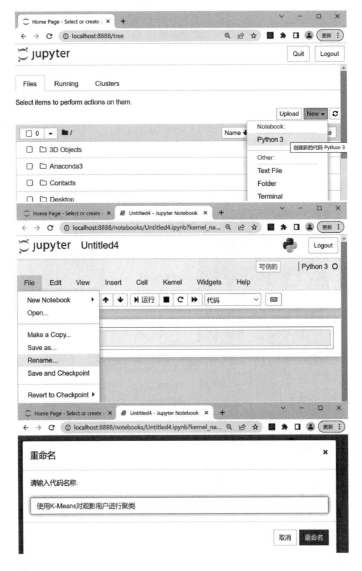

图 3 - 29　完整的工程文件名为"使用 K - Means 对观影用户进行聚类.jpynb"

3. 展现并分析原始数据

从 filmScore.csv 中读取数据，可视化原始数据（"filmScore.csv"文件在本书配套资源文件夹中）。

输入如下代码：

```
#coding：utf-8
# 导入包
import numpy as np
import pandas as pd
import matplotlib.pyplot as plt
from pylab import mpl
# 设置正常显示字符
mpl.rcParams['axes.unicode_minus'] = False
# 读取数据并自动为其添加列索引
data = pd.read_csv('filmScore.csv')
X = data[['filmname1','filmname2']]
# 可视化原始数据
plt.figure()
plt.scatter(data['filmname1'], data['filmname2'], marker ='o',
            facecolors ='yellow', edgecolors ='red', s =30, alpha =0.5)
x_min, x_max = min(data['filmname1']) - 1, max(data['filmname1']) + 1
y_min, y_max = min(data['filmname2']) - 1, max(data['filmname2']) + 1
plt.title('input data (2D)')
plt.xlim(x_min, x_max)
plt.ylim(y_min, y_max)
plt.xticks(())
plt.yticks(())
plt.show()
```

单击【运行】按钮，输出结果如图 3-30 所示。

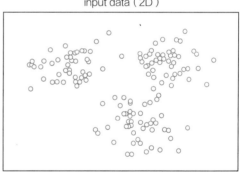

图3-30　原始数据图

4. 确定质心个数进行聚类

确定质心个数为 3，进行聚类。

输入如下代码：

```
from sklearn import metrics
from sklearn.cluster import KMeans
# 训练
num_clusters = 3
kmeans = KMeans(init ='k-means++', n_clusters = num_clusters, n_init =10)
kmeans.fit(X)
```

单击【运行】按钮，输出结果如下所示：

```
KMeans(algorithm ='auto', copy_x = True, init ='k-means++', max_iter =300,
n_clusters =3, n_init =10, n_jobs = None, precompute_distances ='auto',
random_state = None, tol = 0.0001, verbose =0)
```

5. 可视化展现聚类结果

输入如下代码：

```
step_size = 0.01
x_values, y_values = np.meshgrid(np.arange(x_min, x_max, step_size), np.arange
(y_min, y_max, step_size))
# 预测结果
predicted_labels = kmeans.predict(np.c_[x_values.ravel(), y_values.ravel()])
#聚类结果
predicted_labels = predicted_labels.reshape(x_values.shape)
plt.figure()
plt.clf()
plt.imshow(predicted_labels, interpolation ='nearest',
        extent =(x_values.min(), x_values.max(), y_values.min(),y_values.max()),
        cmap =plt.cm.Spectral,
        aspect ='auto', origin ='lower')
#原始数据
plt.scatter(X['filmname1'], X['filmname2'], marker ='o',
        facecolors ='yellow', edgecolors ='red', s =30, alpha =0.5)
#质心设置
centroids = kmeans.cluster_centers_
plt.scatter(centroids[:,0], centroids[:,1], marker ='o', s =200, linewidths =3,
    color ='k', zorder =10,facecolors ='black',edgecolors ='white',alpha =0.9)
plt.title('cluster analysis results (K-Means)')
plt.xlim(x_min, x_max)
plt.ylim(y_min, y_max)
plt.xticks(())
plt.yticks(())
plt.show()
```

单击【运行】按钮，输出结果如图 3-31 所示。

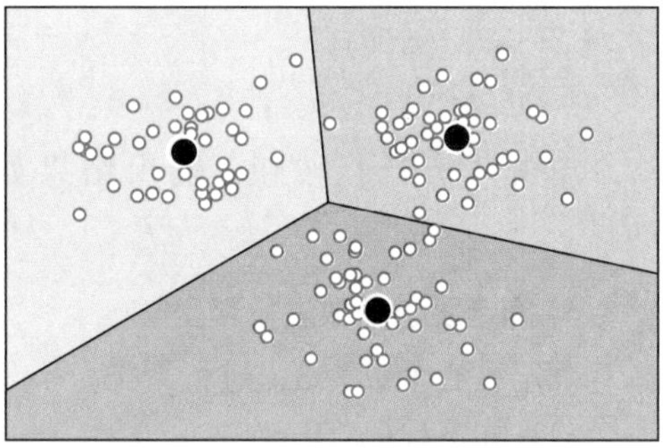

【拓展】

理解参数的不同。

1. 格式化质心

输入如下代码：

图 3-31　可视化展现聚类图

```
plt.figure()
plt.clf()
plt.imshow(predicted_labels, interpolation ='nearest',
        extent =(x_values.min(), x_values.max(), y_values.min(),y_values.max()),
        cmap =plt.cm.Spectral,
        aspect ='auto', origin ='lower')
#原始数据
plt.scatter(X['filmname1'], X['filmname2'], marker ='o',
        facecolors ='white', edgecolors ='black', s =30, alpha =0.5)
#质心
centroids = kmeans.cluster_centers_
```

```
plt.scatter(centroids[:,0], centroids[:,1], marker ='*', s =300, linewidths =3,
        color ='red', zorder =10, facecolors ='red', edgecolors ='green', alpha =0.9)
plt.title('cluster analysis results (K - Means)')
plt.xlim(x_min, x_max)
plt.ylim(y_min, y_max)
plt.xticks(())
plt.yticks(())
plt.show()
```

单击【运行】按钮，输出结果如图3-32所示。

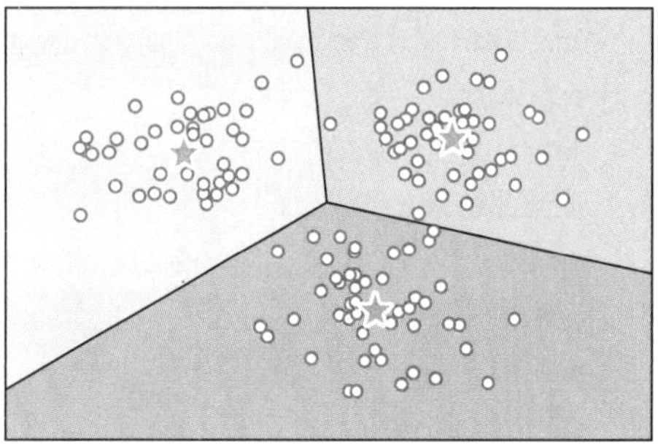

cluster analysis results（K-Means）

图3-32　拓展可视化展现聚类图1

2. 修改质心个数为2

输入如下代码：

```
num_clusters = 2
kmeans = KMeans(init ='k - means + +', n_clusters =num_clusters, n_init =10)
kmeans.fit(X)
# 预测结果
predicted_labels = kmeans.predict(np.c_[x_values.ravel(), y_values.ravel()])
#聚类结果
predicted_labels = predicted_labels.reshape(x_values.shape)
plt.figure()
plt.clf()
plt.imshow(predicted_labels, interpolation ='nearest',
        extent =(x_values.min(),  x_values.max(),  y_values.min(),
y_values.max()),
        cmap =plt.cm.Spectral,
        aspect ='auto', origin ='lower')
#原始数据
plt.scatter(data['filmname1'], data['filmname2'], marker ='o',
        facecolors ='yellow', edgecolors ='red', s =30, alpha =0.5)
#质心设置
centroids = kmeans.cluster_centers_
plt.scatter(centroids[:,0], centroids
[:,1], marker ='*', s =300, linewidths =3,
        color ='red', zorder =10,
facecolors ='red', edgecolors ='green', alpha =0.9)
plt.title('cluster analysis results (K -
Means)')
plt.xlim(x_min, x_max)
plt.ylim(y_min, y_max)
plt.xticks(())
plt.yticks(())
plt.show()
```

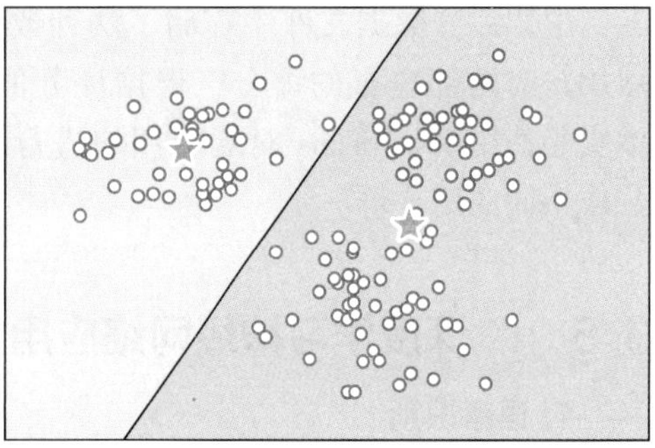

cluster analysis results（K-Means）

单击【运行】按钮，输出结果如图3-33所示。

图3-33　拓展可视化展现聚类图2

3. 设置选择质心种子次数，修改为 1 次；每次迭代的最大次数 max_ iter 改为 10

输入如下代码：

```
num_clusters = 2
kmeans = KMeans(init ='k - means + +', n_clusters = num_clusters, n_init =1,max_
iter = 10)
kmeans.fit(X)
# 预测结果
predicted_labels = kmeans.predict(np.c_[x_values.ravel(), y_values.ravel()])
#聚类结果
predicted_labels = predicted_labels.reshape(x_values.shape)
plt.figure()
plt.clf()
plt.imshow(predicted_labels, interpolation ='nearest',
        extent =(x_values.min(), x_values.max(), y_values.min(), y_values.max()),
        cmap = plt.cm.Spectral,
        aspect ='auto', origin ='lower')
#原始数据
plt.scatter(data['filmname1'], data['filmname2'], marker ='o',
        facecolors ='yellow', edgecolors ='red', s =30, alpha =0.5)
#质心设置
centroids = kmeans.cluster_centers_
plt.scatter(centroids[:,0], centroids[:,1], marker ='*', s =300, linewidths =3,
        color ='red', zorder =10, facecolors ='red',edgecolors ='green',alpha =0.9)
plt.title('cluster analysis results (K - Means)')
plt.xlim(x_min, x_max)
plt.ylim(y_min, y_max)
plt.xticks(())
plt.yticks(())
plt.show()
```

单击【运行】按钮，输出结果如图 3 - 34 所示。

【实验总结】

电影评分数据文件中存储了两列数据，分别表示用户对两部电影的评分，根据评分值的相似性，本实验使用 K - Means 对观影用户进行聚类，将其分成不同的用户群。

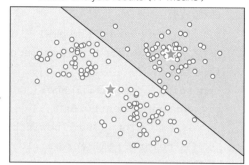

图 3 - 34　拓展可视化展现聚类图 3

3.5　深度学习神经网络应用场景

1. 语音识别

自 2006 年 Hinton 等提出深度学习的概念，神经网络再次回到人们的视野中，语音识别是第 1 个取得突破的领域。传统语音识别的方法主要利用声学研究中的低层特征，利用高斯混合模型进行特征提取，并用隐马尔可夫模型进行序列转移状态建模，并据此识别语音所对应的文字。历经数十年的发展，传统语音识别任务的错误率改进停滞不前，停留在 25% 左右，难以达到实用水平。

2013 年，Hinton 与微软公司合作，利用神经网络改进语音识别中的特征提取方法，将错误率降低至 17.7%，并在大会现场展示了同声传译产品，效果惊人。此后，研究者们又陆续采用回复式神经网络改进语音识别的预测和识别，将错误率降至 7.9%。这一系列的成功使得语音识别实用化成为可能，激发了大量的商业应用。至 2016 年，同声速记产品准确率已经突破 95%，超过人类速记员的水平。

2. 计算机视觉

计算机视觉一直以来都是一个热门的研究领域。传统的研究内容主要集中在根据图像特点人工设计不同的特征，如边缘特征、颜色特征、尺度不变特征等，并利用这些特征完成特定的计算机视觉任务，如图像分类、图像聚类、图像分割、目标检测、目标追踪等。

传统的图像特征依赖于人工设计，一般为比较直观的初级特征，抽象程度较低，表达能力较弱。神经网络方法利用大量的图像数据，完全自动地学习特征。在深度神经网络中，各层特征形成了边缘、线条、轮廓、形状、对象等的层次划分，抽象程度逐渐提高。

2012 年，在大规模图像数据集 ImageNet 上，神经网络方法取得了重大突破，准确率达到 84.7%。在 LFW 人脸识别评测权威数据库上，基于深度神经网络的人脸识别方法 DeepID 在 2014 年、2015 年分别达到准确率 99.15% 和 99.53%，远超人类识别的准确率 97.53%。

3. 医学医疗

医学医疗因为其应用的特殊性一直是科学研究的前沿，既要快速地推进，又要求格外严谨。如何利用好大数据解决医学和医疗中的问题，进一步改善医疗条件，提高诊治水平，是值得人们关注和研究的。随着神经网络各类应用的成功和成熟，在医学和医疗领域也出现了新的突破。

2016 年 1 月，美国 Enlitic 公司开发的基于深度神经网络的癌症检测系统，适用于从 X 光、CT 扫描、超声波检查、MRI 等的图像中发现恶性肿瘤，其中，肺癌检出率超过放射技师水平。

同年，Google 利用医院信息数据仓库的医疗电子信息存档中的临床记录、诊断信息、用药信息、生化检测、病案统计等数据，构建病人原始信息数据库，包括病人的用药信息、诊断信息、诊疗过程、生化检测等信息，采用基于神经网络的无监督深度特征学习方法学习病人的深度特征表达，并借助这一表达进行自动临床决策，其准确率超过 92%。这些成果为实现基于医疗大数据的精准医疗打下了坚实基础。

4. 智能博弈

围棋被誉为"最复杂也是最美的游戏"，自从国际象棋世界冠军被深蓝计算机击败后，围棋也成了"人类智慧最后堡垒"。2016 年，Google 旗下 DeepMind 团队的 AlphaGo 对战人类围棋世界冠军李世石九段，不但引起围棋界和人工智能界的热切注视，还吸引了众多群众的关注。

最终 AlphaGo 以 4:1 战胜李世石九段，其背后成功的秘诀正是采用了神经网络与增强学习相结合，借助神经网络强大的特征提取能力捕捉人类难以分析的高层特征；再利用增强学习，采用自我对弈的方法产生大量的数据，从自己的尝试中学习到超越有限棋谱的技巧，成功掌握了制胜技巧。

这一结果在人工智能界非常振奋人心，因为它提出了一种从自发学习到超越现有数据的学习方法，标志着增强学习与神经网络的成功结合，也是"大数据 + 神经网络"的成功应用。

3.6 深度学习基本原理及技术发展现状

3.6.1 深度学习概述

深度学习（Deep Learning，DL）是指多层的人工神经网络和训练机器的方法。一层神经网络会把大量矩阵数字作为输入，通过非线性激活方法取权重，再产生另一个数据集合作为输出。相对于机器来讲，其实它是一个复杂的机器学习算法。在语言和图像识别方面取得的成果，远远超过先前相关技术。它在搜索技术、数据挖掘、机器学习、机器翻译、自然语言处理、多媒体学习、语音、推荐和个性化技术，以及其他相关领域都取得了很多成果。深度学习使机器能模仿人类的视听和思考等活动，解决了很多复杂的模式识别难题，使人工智能相关技术取得了很大进步。深度学习目前应用到多个领域，发展历程由原先的感知机模型到深度神经网络，再到大数据下的神经网络，如图 3－35 所示。

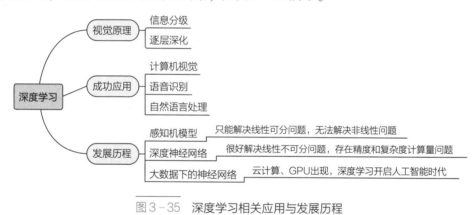

图 3－35　深度学习相关应用与发展历程

3.6.2 深度学习相关概念

深度学习是从机器学习中的人工神经网络发展出来的新领域，其目的在于建立、模拟人脑进行分析学习的神经网络。早期所谓的"深度"是指超过一层的神经网络。但随着深度学习的快速发展，其内涵已经超出了传统的多层神经网络，甚至机器学习的范畴，逐渐朝着人工智能的方向快速发展。

深度学习是相对于简单学习而言的，目前多数分类、回归等学习算法都属于简单学习或者浅层结构，浅层结构通常只包含 1 层或 2 层的非线性特征转换层，典型的浅层结构有高斯混合模型（GMM）、隐马尔科夫模型（HMM）、条件随机域（CRF）、最大熵模型（MEM）、逻辑回归（LR）、支持向量机（SVM）和多层感知器（MLP）。深度学习所涉及的相关技术点如图 3－36 所示。

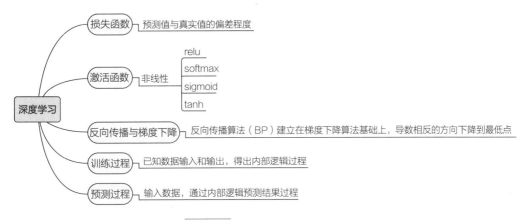

图 3-36 深度学习相关技术点

3.6.3 人类视觉原理与神经网络原理

1. 人类视觉原理

1981 年的诺贝尔生理学或医学奖，分别颁发给了 David Hubel、Torsten Wiesel 和 Roger Sperry。前两位的主要贡献是"发现了视觉系统的信息处理"。人类视觉系统（the Human Visual System，HVS）视觉信息的处理始于人眼，主要由角膜、虹膜、晶状体及视网膜组成，如图 3-37 所示。

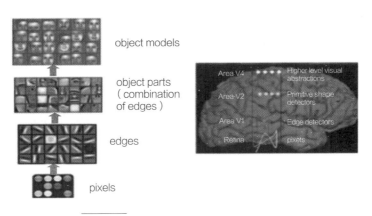

图 3-37 深度学习对应人类视觉相关图

当瞳孔发现了眼前物体的边缘，而且这个边缘指向某个方向时，这种神经元细胞就会变得活跃。人的视觉系统在信息处理时是分级的，高层的特征是底层特征的组合，从底层到高层的特征表现越来越抽象，越来越能表现语义或者意图，抽象层面越高，存在的可能猜测就越少，就越利于分类。

2. 人工神经网络原理（人工神经网络）

网络是一种模拟动物神经网络行为特征，进行分布式并行信息处理的算法。这种网络依靠系统的复杂程度，通过调整内部大量节点之间相互连接的关系，从而达到处理信息的目的。

神经网络通过模拟生物神经处理信息的方式，对信息进行并行处理和非线性转化，其特点在于能够比较轻松地实现非线性映射过程，具有大规模的计算能力。其本质就是利用计算机语言模拟人类大脑做出决定的过程。

神经网络具有多种网络模型，最具有代表性的网络模型分别为：单层前馈神经网络（线性网络）、阶跃网络、多层前馈神经网络（反推学习规则即 BP 神经网络）、Elman 网络、Hopfield 网络、双向联想记忆网络、自组织竞争网络等。

3.6.4 感知器基本结构及训练

感知器的结构包括以下三部分：1. 输入向量，$x = [x_0, x_1, \cdots, x_n]^{\mathrm{T}}$；2. 权重，$w = [w_0, w_1, \cdots, w_n]^{\mathrm{T}}$，其中 w_0 称为偏置；3. 激活函数，$O = \mathrm{sign}(net)$（激活函数还有很多种类），如图 3-38 所示。

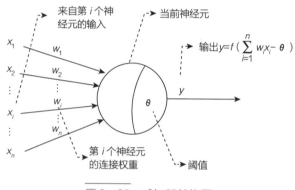

图 3-38　感知器结构图

这个感知器相当于一个分类器，它使用高维 x 向量作为输入，在高维空间对输入的样本进行二分类：当 $w^{\mathrm{T}}x > \theta$ 时，$O = 1$，相当于样本被归为其中一类，否则，$O = -1$，相当于样本被归为另一类，这两类的边界在哪里呢？其实就是 $w^{\mathrm{T}}x = \theta$，这是一个高维的超平面。

如果在一组数据当中要找到一个最好的分界点，在寻找最优解的过程中采用了这样一个思路，对于每一个训练样例 $<x, t>$，先使用当前的权重计算感知器的输出 o；再对每一个权重进行如下的更新：

$$w_i \leftarrow w_i + \Delta w_i$$
$$\Delta w_i = \eta [t - o] x_i$$

其中，x 为输入向量，t 为目标值，o 为感知器在当前权重下的输出，η 为学习率。

当训练样例线性可分时，反复使用上面的方法，经过有限次训练，感知器将收敛到能正确分类所有样例的分类器。在训练样例线性不可分时，使用 delta 法则。它是使用梯度下降（Gradient Descent）的方法在假设空间中搜索可能的全向量，寻找到最佳拟合训练样例的权向量。所谓感知器的训练法则就是在原本权重的基础上进行相应权重的修改。经过反复的迭代，直到最终的模型效果达到最好。

3.7　案例体验

通过 MNIST 数据集完成深度学习实现手写数字识别。

1. 问题描述

MNIST 数据集是由手写数字 0~9 组成的图片数据集，本案例介绍如何基于 Keras 深度学习框架，建立深度神经网络（DNN）进行相应图片数字的识别。其原理如图 3 – 39 所示。

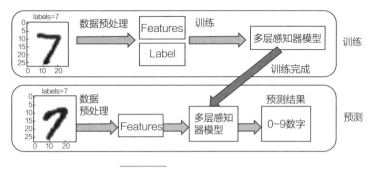

图 3 – 39　MNIST 原理图

2. 数据来源

MNIST 数据集共有训练数据 60000 项，测试数据 10000 项。MNIST 数据集中的每一项数据都由 images（数字图像）与 Labels（真实数字）所组成，如图 3 – 40 所示。

3. Keras 程序设计模式

使用 keras 的程序设计模式建立一个深度学习模型就像是在做一个多层蛋糕。首先，建立一个蛋糕架，然后不需要自己做每一层蛋糕，可以选择现成的蛋糕层，指定每一层的"内容"，例如智能装饰水果的种类与数量，只需要将每一层加入蛋糕架即可。

如图 3 – 41 所示，建立多层感知器模型，输入层共 784 个神经元，隐藏层（h）共有 256 个神经元，输出层（y）共有 10 个神经元。建立这样的模型很简单，只需要将神经网络一层一层加上去即可。

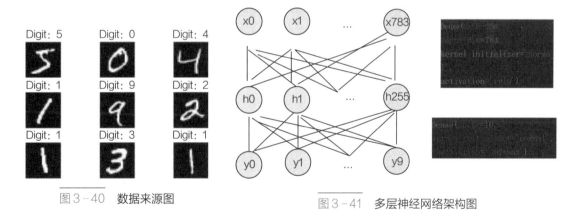

图 3 – 40　数据来源图　　　　　　　　图 3 – 41　多层神经网络架构图

1）建立 Sequential 模型。Sequential 模型是多个神经网络层的线性堆叠。可以想象 Sequential 模型是一个蛋糕架，接下来可以加入一层一层的蛋糕。

```
Model = Sequential()
```

2）加入"输入层"与"隐藏层"到模型中。Keras 已经内建各种神经网络层（例如 Dense 层、Conv2d 层等），只要在之前建立的模型上加入选择的神经网络层就可以了。

以下代码是加入"输入层"与"隐蔽层"到模型中。

```
model.add(Dense(units =256,
input_dim =784,
kernel_initializer = "normal",
activation = "relu"))
```

3）加入"输出层"到模型中。

```
model.add(Dense(units =10,
kernel_initializer = "normal",
activation = "softmax"))
```

4）程序实现。

```
#加载相关的库
from keras.datasets import mnist
import matplotlib.pyplot as plt
from keras.utils import np_utils
from keras.models import   Sequential
from keras.layers import Dense
import numpy as np
#加载 mnist 数据集,若从未下载过,该步骤第一次会比较慢
(train_image,train_labe),(test_image,test_label) =mnist.load_data()
#查看 mnist 数据的长度
print("train data = ",len(train_images))
print("test data = ",len(test_images))
```

```
#数据预处理
```

```
#将 features(数字图像特征值)使用 reshape 进行转换
Train =train_image.reshape(60000,784)
Test =test_image.reshape(10000,784)
#将 deatures(数字图像特征值)标准化
Train_normalize =Train /255
Test_normalize =Test /255
#label 以 One -hot encoding 进行转换
Train_Onehot =np_utils.to_categorical(train_label)
Test_Onehot =np_utils.to_categorical(test_label)
print(Train_normalize[0,:])
```

```
#建立模型
```

```
#建立一个线性堆叠模型
model =Sequential()
#建立"输入层"
model.add(Dense(units =256,
```

```python
input_dim = 784,
kernel_initializer = "normal",
activation = "relu"))
#建立"输出层"
model.add(Dense(units =10,
kernel_initializer = "normal",
activation = "softmax"))
#查看模型的摘要
print(model.summary())
```

#进行训练

```python
#定义训练方式,设置损失函数,使用 adam 优化器加速收敛,设置评估模型的方式是准确率
model.compile(loss = "categorical _crossentropy", optimizer = "adam", metrics
=["accuracy"])
#开始训练
train_history =model.fit(x =Train_normalize,y =Train_Onehot,validation_split
=0.2,epochs =10,batch_size =200,verbose =2)
#使用 test 测试数据评估模型准确率
Scores =model.evaluate(Test_normalize,Test_Onehot)
Print("loss = % f,accuracy = % f"% (scores[0],scores[1]))
#执行测试
prediction =model.predict_classes(Test_normalize)
#设置显示的数目,当个数小于 threshold 时不会折叠
np. set_printoptions(threshold =10)
print (np.array(prediction))
#导入相应库
import keras.datasets.mnist as mnistimport matplotlib. pyplot as plt
#导入 MNIST 数据集
(train_image,train_label),(test_image,test_label) =mnist.load_data()
#定义函数
def plot_images_labels_prediction(image,labels, idx, num,prediction):
  #当前图像通过 gcf 获得
  fig =plt.gcf()
  #设置尺寸大小
  fig.set_size_inches(12,14)
#最多绘制25 个子图
  if num >25: num =25
  for i in range(0, num) :
    #绘制多子图
    ax =plt. subplot(5,5,1 +i)
    ax.imshow(image[idx],cmap = "binary")
    title = "labels = " +str(labels[idx])
```

```
#假如传入预测结果
if len(prediction) > 0:
    title + = ",predict = " + str(prediction[idx])
    ax.set_title(title,fontsize = 10)
    idx + = 1
plt. show ()
```

#绘制真实值和预测值

```
if __name__ = = '__main__':
    plot_images_labels_prediction(test_image,test_label,0,25, prediction)
```

【程序结果】

train data = 60000test data = 10000

Layer (type)	output Shape	Param #
dense_1 (Dense)	(None,256)	200960
dense_2 (Dense)	(None,10)	2570

Total params:203,530

Trainable params:203,530

Non – trainable params:0

None

Train on 48000 samples, validate on 12000 samplesEpoch 1/10

2021 – 01 – 26 09:50:41.562347: 1

tensorflow/core/platform/cpu_feature_guard.cc:142] Your CPu

supports instructions that this TensorFlow binary was not compiledto use: AVX2

–1s–loss:0.4333 –acc:0.8842 –val_loss:0.2236 –val_acc:0.9380Epoch 2/10

–1s–loss:0.1862 –acc:0.9462 –val_loss:0.1538 –val_acc:0.9561Epoch 3/10

–1s–loss:0.1316 –acc:0.9622 –val_loss:0.1294 –val_acc:0.9645Epoch 4/10

–1s–loss :0.1011 –acc:0.9717 –val_loss:0.1097 –val_acc:0.9668Epoch 5/10

–1s–loss:0.0807 –acc:0.9769 –val_loss:0.0972 –val_acc:0.9713Epoch 6/10

–1s–loss:0.0648 –acc:0.9824 –val_loss:0.0915 –val_acc:0.9729Epoch 7/10

–2s–loss:0.0539 –acc:0.9849 –val_loss:0.0861 –val_acc:0.9731Epoch 8/10

–1s–loss:0.0447 –acc:0.9875 –val_loss:0.0869 –val_acc:0.9728Epoch 9/10

–1s–loss:0.0375 –acc:0. 9903 –val_loss:0.0819 –val_acc:0.9745Epoch 10/10

–1s–loss:0.0310 –acc:0.9925 –val_loss:0.0809 –val_acc:0.9751

32/10000 – ETA:0s

4224/10000 – ETA:0s

8608/10000 – ETA:0s

10000/10000 –0s 12us/step

loss = 0.073243,accuracy = 0.977200

[7 2 1 ... 4 5 6]

程序结果如图 3 – 42 所示。

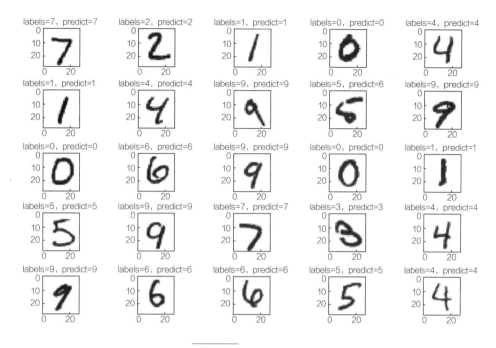

图 3-42 程序结果图

习 题

一、选择题

1. 让机器理解人类语言的一门领域是（ ）。

A. 统计学习 　　 B. 自然语言处理 　　 C. 计算机视觉 　　 D. 数据挖掘

2. 苹果的语音助手 Siri 是使用（ ）与机器学习结合的技术制作的相关应用。

A. 语言识别 　　 B. 统计学习 　　 C. 语音识别 　　 D. 模式识别

3. 人工智能的外延分为弱人工智能、强人工智能和（ ）。

A. 低人工智能 　　 B. 超人工智能 　　 C. 高人工智能 　　 D. 多人工智能

4. （多选）以下选项属于浅层结构的是（ ）。

A. MEM 　　 B. CRF 　　 C. HMM 　　 D. GMM

5. （多选）以下选项最具代表性的网络模型为（ ）。

A. Elman 　　 B. Hopfield 　　 C. 多层前馈神经网络 D. 双向联想记忆网络

6. MNIST 是一个（ ）数据集。

A. 手写数字识别 　　 B. 自动数字识别 　　 C. 数字统计 　　 D. 数字分割存储

7. （多选）机器学习可以分为（ ）。

A. 监督学习 　　 B. 无监督学习 　　 C. 强化学习 　　 D. 自主学习

二、填空题

1. 从范围上来说，机器学习跟模式识别、数据挖掘、统计学习是类似的，同时，机器学习与其他领域的处理技术结合，形成了（ ）、（ ）、（ ）等交叉学科。

2. 沃尔沃根据自动化水平的高低区分了四个无人驾驶的阶段：驾驶辅助、（ ）、高度自动化、（　　）。

3. 自动驾驶汽车使用（　　）、（　　），以及（　　）来了解周围的交通状况，并通过一个详尽的地图（通过有人驾驶汽车采集的地图）对前方的道路进行导航。

4. 人工智能目前分为（　　）、（　　）和（　　）。

5. 机器学习是一种实现（　　）的方法。

6. 1950 年，"人工智能之父"（　　）提出了著名的"图灵测试"，使人工智能成为科学领域的一个重要研究课题。

7. （　　）是在没有给定划分类别情况下，根据数据相似度进行样本分组的一种方法。是一种无监督的学习算法。

8. （　　）是指多层的人工神经网络和训练机器的方法。一层神经网络会把大量矩阵数字作为输入，通过非线性激活方法取权重，再产生另一个数据集合作为输出。

9. （　　）是一种模拟动物神经网络行为特征，进行分布式并行信息处理的算法。

三、判断题

1. 强化学习是机器学习的范式和方法论之一，只用于解决智能体在与环境的交互过程中通过学习而实现特定目标的问题。

2. 1959 年美国 IBM 公司的 Frank Rosenblatt 设计了一个具有学习能力的跳棋程序，曾经战胜了美国保持 8 年不败的冠军。

3. 人工智能是最早出现的。

4. 深度学习用于自动驾驶汽车。

5. 深度学习是指多层的人工神经网络和训练机器的方法。

6. 对汽车识别有三个处理阶段：牌照检测、字符分割、字符统计。

7. 监督学习可以分为分类和回归两类。

四、思考题

1. 请简述人工智能、机器学习、深度学习的关系。

2. 简述弱人工智能与强人工智能的区别。

3. 字符分割可以用什么函数或者什么框架来实现？

4. 除了 SVC（向量分类器），还有什么其他不同的分类器？

第 4 章
计算机视觉

技能目标

学会使用 OpenCV 做基本的图像处理；学会使用级联分类器做人脸检测。

知识目标

熟悉计算机视觉应用场景；熟悉计算机视觉基础原理；熟悉计算机的图像阈值分割、边缘检测的原理；了解计算机视觉应用开发流程。

素质目标

培养创新意识和创新能力，认识计算机视觉中的前沿技术；增强社会责任感和使命感，了解计算机视觉在生产实际中的应用和影响，思考计算机视觉技术在应用中的伦理和社会责任问题。

4.1 计算机视觉应用场景

4.1.1 计算机视觉概述

人有基本的五感：视觉、听觉、嗅觉、味觉和触觉。据统计，对人类而   扫码看视频
言，通过视觉输入的信息占据全部信息的 75% 以上。我们常说"百闻不如一见"；西方人常说"One picture is worth ten thousand words"。对于人类认识世界来说，视觉非常重要。对计算机而言，视觉也非常重要。

计算机视觉（Computer Vision，CV）是一门研究如何使机器"看"的科学。可以用摄影机和计算机代替人眼对目标进行识别、跟踪和测量等，并进一步做图形处理成为更适合人眼观察或仪器检测的图像。形象地说，就是给计算机装上"眼睛"和"大脑"，让计算机能够感知环境。这里说的"眼睛"就是摄像头，"大脑"就是算法程序。

人眼可见光处理是计算机视觉很重要的一部分，但是可见光毕竟只占据了电磁波的一小部分，除此之外，计算机视觉可以感知人眼所看不到的很多信息。图 4-1 为人类已经发现的电磁波谱，从左到右，也就是波谱从最长到最短过程有：宇宙射线、伽马射线、X 射线、紫外、可见光、红外线、微波、雷达、无线电波、广播频段等各种电磁波，人眼只能看到可见光部分，而计算机可以采集和分析的范围宽广很多。比如：X 射线在医学影像中的作用，紫外线在票据防伪中的应用，红外线在人和动物的热成像中的应用等。

图 4-2 展示了在不同波段采集的银河系的成像，各个图像之间差异很大，所以说世界比我们想象中的丰富很多。计算机视觉研究的范围也比我们看得到的更加丰富宽广。

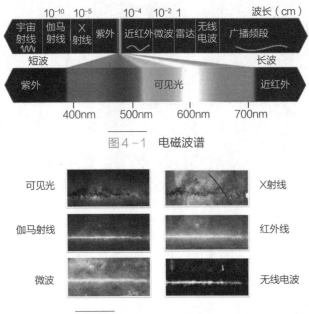

图4-1　电磁波谱

图4-2　不同波段下的银河系成像

4.1.2　计算机视觉的应用

常见的计算机视觉的应用有人脸检测、图像识别、文字识别、自动驾驶等。如图4-3所示，左上图为人脸检测，常用于安防、车站、地铁等场景；右上图为图像识别；左下图为文字识别，常用在票据、证件、档案录入等场景；右下图表示计算机视觉在自动驾驶领域中的应用。

计算机视觉领域又有很多细分的方向，比如：三维图像视觉、图像识别分析、人脸识别、文字识别、视频/监控分析、图像/视频剪辑、工业视觉检测、医疗影像检测、驾驶辅助/智能驾驶等。

图4-3　计算机视觉应用场景

图4-4是对从事计算机视觉的100家企业做调查，统计各个企业的研究方向，调查显示，这些企业中进行人脸识别和视频/监控分析的企业相对较多，其次是图片识别分析和驾驶辅助/智能驾驶。随着技术和市场发展需求的变化，这些细分研究方向的热度也会不断地变化。

下面从自然科学研究、医疗、工业、农业等领域的实际应用案例，更加深入地了解计算机视觉的应用场景。

1. 计算机视觉在自然科学研究领域的应用

生物体表面都会辐射出红外光波，如图4-5所示。通过各个生物体表面的红外光波的成像称为热成像。热成像广泛应用于工业、安防、军事、科研等领域。热成像技术提供了一种安全、无损伤的数据获取手段，在医学、生态学、动物学等领域已有大量的应用。当红外热成像和计算机视觉结合起来，就可以很好地对野生动物进行目标追踪、测量、捕捉，用于研究野生动物的行为和生活习性以及数量检测等。

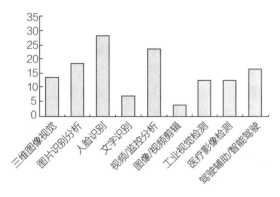

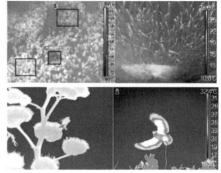

图 4-4　计算机视觉在企业中的应用方向分布　　　图 4-5　生物体表热成像

2. 计算机视觉在医疗领域中的应用

医学影像是临床疾病筛查、诊断、治疗引导和评估的重要工具。常规的影像诊断依赖于阅片医生的水平和经验，存在着主观性强、重复性低以及定量分析不够等问题，迫切需要新的智能技术介入，帮助医生提升诊断的准确性和阅片效率。随着深度学习技术的发展，智慧医疗已经成为人工智能最为重要的应用领域之一，并成为解决医疗行业以下两大痛点的有效途径之一：医疗供需不平衡，影像医生短缺与临床影像数据大量增长之间的矛盾；影像医生水平参差不齐且资源分布不均。

与医学影像相关的医学成像系统和医学图像处理与分析是智慧医疗最为典型的应用场景。计算机视觉在医疗领域临床常用的 4 大影像技术有 X 射线、超声波、计算机断层扫描（CT）和核磁共振成像（MRI）。计算机视觉主要应用于图像重建、病灶检测、图像分割、图像配准和计算机辅助诊断（CAD）。

图 4-6 展示了计算机影像技术对心脏大血管影像分割的方法，该方案使用了深度学习中的稠密卷积神经网络，能够将医学图像中心脏和大血管精确地分割开来。

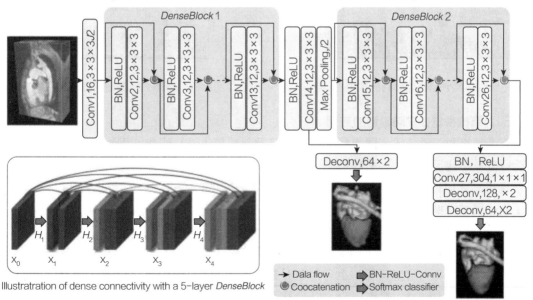

图 4-6　医学影像中做心脏和大血管图像分割

3. 计算机视觉在工业领域的应用

在工业流水线上，靠人眼检测很大程度上取决于检验员的能力、经验、专心程度，容易导致遗漏、分类错误等问题。图4-7展示了机械手臂检测和抓取合格零件的应用，计算机视觉能够通过三维视觉成像及检测分析，自动计算出适合的机械手动作。通过实时三维视觉分析，机械手臂抓取不受工件位置或朝向的影响，能实现稳定检测。

4. 计算机视觉在农业领域的应用

在农作物生长过程中，作物的叶、茎秆、果实的颜色、外观形态、纹理等特征时刻发生变化。实时动态地监测作物形态变化，研究外界环境对作物生长状况产生的影响和作物生长机制具有重要意义。通过智能摄像头的应用，实时采集、监测、分析、诊断，建立植物生长模型，应用深度神经网络算法，可以实现植物生长状态判断与预测，自动生成执行控制系统的决策、建议。

图4-8是一个简单的智慧农业系统示意图，在温室中，布置了很多计算机视觉的摄像头、温湿度等传感器来监控农作物生长和环境的变化，然后通过通信手段将数据实时传到大数据云平台，再利用一些植物模型应用科研系统和应用软件，对农作物生长做出一些决策或建议。对于确定的决策，可以自动分发，在温室中通过相应设备控制调节温湿度、光照等环境参数。对于不确定的建议，会通过通信手段传给相应专家，让其做出一定的决策。

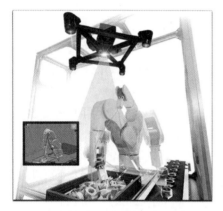

图4-7　机械手臂检测和抓取合格零件的应用

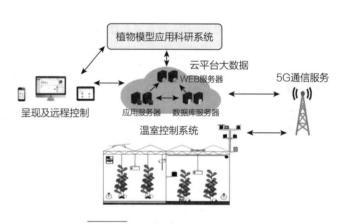

图4-8　智慧农业系统示意图

5. 计算机视觉在安防领域的应用

随着计算机视觉技术、网络技术的日趋普及与成熟，"高清化、网络化、智能化"已经成为平安城市建设的一种必然趋势。

构建"立体化"城市防控体系，为满足公安各个业务警种实战应用的平安城市系统，推出了新一代平安城市解决方案，为公安机关治安防控、犯罪打击、视频侦查、指挥调度、保卫任务等各警种实战应用提供支撑与保障。

图4-9展示了平安城市的系统架构。首先是前端采集设备，比如：单兵车载监控、治安监控、卡口电警、人员卡口等。上一层就是接入汇聚与数据中心，再上一层是业务应用层，其中包括视频综合平台、指挥中心，以及基于这些数据而面向交警、刑警、治安、保卫、指挥、信通等提供的具体的应用。

平安城市中很重要的一部分就是公安视频侦查平台。如图 4 - 10 所示，运用行为分析技术对实时视频进行智能分析，支持穿越警戒面、进入/离开区域、区域入侵、非法停车、物品遗留、物品丢失、人员徘徊、快速移动、人员聚集等多种事件的分析检测；支持行为排查、人员排查和车辆排查功能，快速定位目标视频片段，提高视频查看效率；支持自动报警，提高监控的效率，实现智能化监控防范。

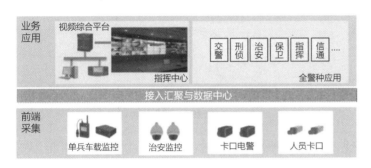

图 4 - 9　平安城市系统架构　　　　　　图 4 - 10　公安视频侦查平台功能

6. 计算机视觉在无人驾驶中的应用

在无人驾驶中，车辆在行驶时需要实时地去感知周围的环境，包括行驶在哪里、周围有什么障碍物、当前交通信号怎样等。就像人类通过眼睛去观察世界，无人车也需要这样一种"眼睛"，这就是传感器。

图 4 - 11 展示了无人驾驶涉及的各种传感器。传感器有很多种，例如激光雷达、视觉摄像头、夜视摄像头、超声波传感器、远程雷达、近程雷达等。每种传感器都有自己的特点和作用。

图 4 - 11　无人驾驶所需的传感器

4.2　计算机视觉基础与应用开发

4.2.1　图像基础原理

在学习数字图像的成像原理前，先要了解人眼的成像原理。如图 4 - 12 所

扫码看视频

示，人眼包括角膜、晶状体、玻璃体和视网膜。外界物体的反射光线经过角膜、房水，由瞳孔进入眼球内部，再经过晶状体和玻璃体的折射作用，在视网膜上形成清晰的物像，物像刺激了视网膜上的感光细胞，这些感光细胞产生的神经冲动，沿着视神经传到大脑皮层的视觉中枢，就形成视觉。视网膜上所形成的图像是倒立的，通过大脑处理感受到的图像才是正常的。

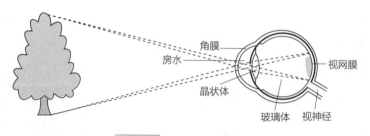

图 4-12　人眼的成像原理

照相机的成像原理和人眼基本相似，照相机的镜头相当于角膜和晶状体，而照相机的底片相当于视网膜。数字相机、摄像机等成像系统首先得到模拟图像，经过采样和量化即得到数字图像。

如图 4-13 所示，光线通过镜头到达感光传感器形成模拟图像信号，再通过模数转换器形成数字图像信号，然后需要经过图像处理器压缩处理，形成压缩的图像信号存储到存储器中。

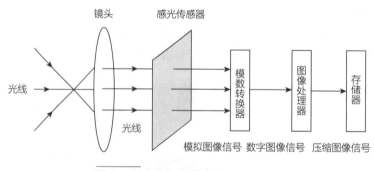

图 4-13　数字图像成像和储存流程

1. 图像存储与呈现

数字图像可以分为：黑白图像、灰度图像、彩色图像。如图 4-14 所示，将 Lenna 图像采用三种形式呈现，黑白图像只有黑和白两种颜色；灰度图像在黑和白之间还有过渡的灰阶；彩色图像每个像素点的颜色是由存储在该位置的红绿蓝三个色彩通道共同决定的。

图 4-15 是实际储存示例。左图是从上面 Lenna 的黑白照片中截取的部分，它只有 0 和 255 两种数据。0表示黑色，255 表示白色。一些图像处理算法会将图像归一化，则黑白图像就会只有 0 和 1 的数字。灰度图像的数值是介于 0 到 255 之间的数据，计算机用二维矩阵来存储。

图 4-14　数字图像三种呈现形式

黑白图像						灰度图像				
255	0	0	0	0		130	101	72	59	68
255	0	0	0	0		128	99	69	57	67
255	0	0	0	0		127	98	69	57	67
255	0	0	0	255		126	98	69	57	68
255	0	0	255	255		126	98	69	58	68
255	255	255	255	0		127	98	69	57	68
255	255	0	0	0		127	97	68	56	67
255	0	0	0	0		121	96	74	60	68
255	0	0	0	0		121	96	74	60	67
255	0	0	0	0		121	96	74	59	66

图 4 - 15　黑白图像和灰度图像储存示例

如图 4 - 16 所示，彩色图像每个像素的颜色由存储在该位置的红蓝绿色共同决定，保存图像三种不同颜色的通道称为颜色通道。每个像素点储存在每个通道上各占用 8 位，一个彩色像素包含 24（8 * 3）位颜色信息。所以彩色图像在计算机中按照三维矩阵储存。显示时，将三个通道融合展示。

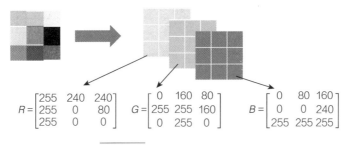

$$R = \begin{bmatrix} 255 & 240 & 240 \\ 255 & 0 & 80 \\ 255 & 0 & 0 \end{bmatrix} \quad G = \begin{bmatrix} 0 & 160 & 80 \\ 255 & 255 & 160 \\ 0 & 255 & 0 \end{bmatrix} \quad B = \begin{bmatrix} 0 & 80 & 160 \\ 0 & 0 & 240 \\ 255 & 255 & 255 \end{bmatrix}$$

图 4 - 16　彩色图像储存示例

2. 图像的压缩

数字图像和视频数据中存在着大量的信息冗余和主观视觉冗余，因此图像的压缩是必要的，也是可能的。图像进行压缩后，能够减少存储空间，提高存储效率。图像的压缩方式分为有损压缩和无损压缩。

有损压缩：经过有损压缩，重建后的图像和原始图像有一定偏差，但是不影响人们对图像含义的正确理解。适合于自然的图像，例如一些应用中图像的微小损失是可以接受的（有时无法感知）。

无损压缩：经过无损压缩以后的数据进行图像复原（解压），重建的图像与原始图像完全相同。绘制的技术图、图标或者漫画优先使用无损压缩；医疗图像或者用于存档的扫描图像等这些有价值的内容的压缩也尽量选择无损压缩方法。

如表 4 - 1 所示，常见的图像储存格式有 BMP、TIF、GIF 和 JPEG。

表 4 - 1　常见图像储存格式

名称	压缩编码方法	性质	典型应用	开发公司
BMP	RLE（行程长度编码）	无损	Windows 应用程序	Microsoft
TIF	RLE，LZW（字典编码）	无损	桌面、出版	Aldus，Microsoft
GIF	LZW（字典编码）	无损	因特网	CompuServe
JPEG	DCT（离散余弦变化）Huffman 编码	支持有损/无损	因特网、数码相机等	ISO/IEC

3. 图像压缩编码

常见的图像压缩编码有 RLE（行程长度编码）、LZW（字典编码），如图 4 - 17 所示。

RLE 把图像分成两种情况：连续重复的数据块、连续不重复的数据块。它把连续重复的色块按照重复次数加色块的方式存储，比如自然图像中的天空。

LZW 是基于表查询算法把文件压缩成小文件的压缩方法，又叫串标压缩算法。除了用于图像数据处理以外，LZW 压缩技术还被用于文本程序等数据压缩领域。

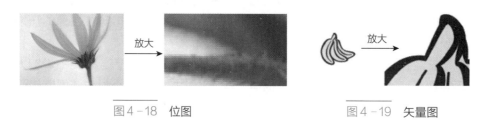

JJJJJJAAAAVVVVAAAAAA　——RLE——→　6J4A4V6A

ABABABABAB　——LZW——→　01223

Step	P	Symbol
1	null	null
2	A	0
3	B	1
4	AB	2
5	ABAB	3

图 4 - 17　RLE 和 LZW 编码示例

4. 位图与矢量图

位图（bitmap）也称为点阵图，是使用像素阵列来表示的图像，如图 4 - 18 所示，当放大位图时，可以看见赖以构成整个图像的无数个单个方块。

矢量图（vector）是指用一系列计算指令来表示的图，这些图的元素是一些点、线、矩形、多边形、圆和弧形等，它们都是通过数学公式计算获得的。常用的存储格式是 SVG 格式。如图 4 - 19 所示，将矢量图放大后，图像边缘依然光滑。

放大 →

图 4 - 18　位图　　　　　　　　　　图 4 - 19　矢量图

5. 颜色深度

颜色深度（像素深度）存储每个像素的颜色（或亮度）信息所占用的二进制位数。表 4 - 2 展示了不同颜色深度的像素及其对应的色彩种类和示例。

表 4 - 2　不同颜色深度示例

色深	色彩种类	示例
1bit	$2^1 = 2$ 色	
8bit	$2^8 = 256$ 色	
12bit	$2^4 \times 2^4 \times 2^4 = 2^{12} = 4096$ 色	
24bit	$2^8 \times 2^8 \times 2^8 = 2^{24} = 16777$ 色	

6. 图像分辨率

图像分辨率是确定组成一幅图像的像素数目。图像分辨率单位为 ppi，也可以表示为水平像素数×垂直像素数，比如常见的图像分辨率：1024×768，表示水平像素点个数为 1024，垂直像素点个数为 768。

如图 4-20 所示，从左到右分别为 10ppi、20ppi 和 100ppi，分别表示在宽、高各 1 英寸组成的正方形内包含的像素点的个数。

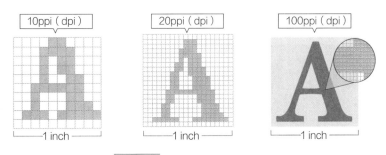

图 4-20　不同图像分辨率示例

7. 图像的大小

图像的大小（数据量）是指在磁盘上存储整幅图像所占用的字节数。可以按下面的公式计算：图像文件的字节数 = 图像分辨率×量化位数／8。例如：

一幅分辨率为 640×480 的黑白图像，文件的大小为：(640×480)/8=38400(B)=37.5(KB)；

一幅同样分辨率的图像，图像深度为 8 位。则图像文件的大小为：(640×480)×8/8=307200(B)=300(KB)；

一幅同样大小的真彩色图像，图像文件的大小为：(640×480)×24/8=921600(B)=900(KB)。

4.2.2　图像处理技术

1. OpenCV 简介

数字图像处理指的是对图像去除噪声、增强、复原、分割、提取特征等处理的方法和技术，是一门专门的学科。选择合适的图像处理工具，能够更快了解图像处理的主要任务，以及各种算法的作用。这里选择 OpenCV 模块学习图像处理。

OpenCV 是一个基于 BSD 许可（开源）发行的跨平台计算机视觉库，可以运行在 Linux、Windows、Android 和 Mac OS 操作系统上。

OpenCV 的特点是轻量级而且高效，OpenCV 由一系列 C 函数和少量 C++ 类构成，同时提供了 Python、Ruby、MATLAB 等语言的接口。

OpenCV 实现了图像处理和计算机视觉方面的很多通用算法，已成为计算机视觉领域最有力的研究工具。

OpenCV 可以解决的问题：人机交互、机器人视觉、运动跟踪、图像分类、人脸识别、物体识别、特征检测、视频分析、深度图像等。

OpenCV 官网：https：//opencv.org/。

2. 图像的基本操作

图像的基本操作包括图像的加载、图像显示、图像保存，在 OpenCV 中分别使用 cv2. imread( )、cv2. imshow( )、cv2. imwrite( ) 实现。

使用 OpenCV 处理图像需要注意两点，如图 4 - 21 所示。①计算机上的彩色图是以 RGB（红 - 绿 - 蓝，Red - Green - Blue）颜色模式显示的，但 OpenCV 中彩色图是以 B - G - R 通道顺序存储的，灰度图只有一个通道。②图像坐标的起始点是在左上角，所以行对应 y，列对应 x。

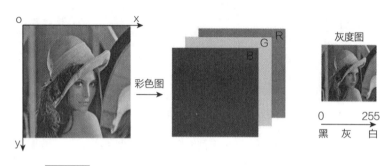

图 4 - 21　OpenCV 中图像坐标、 颜色通道、 灰度图示例

3. 阈值分割

阈值分割法是一种基于区域的图像分割技术，原理是把图像像素点分为若干类。阈值分割特别适用于目标和背景占据不同灰度级范围的图像。它不仅可以极大地压缩数据量，而且也大大简化了分析和处理步骤；是进行图像分析、特征提取与模式识别之前的必要的图像预处理过程。

阈值分割的一般流程：通过判断图像中每一个像素点的特征属性是否满足阈值的要求，来确定图像中的该像素点是属于目标区域还是背景区域，从而将一幅灰度图像转换成二值图像。

如图 4 - 22 所示，左边是一张灰阶图，从左到右是灰度逐渐变化的过程，如果想要将其变成二值图，则需要确定一个阈值，比如 127，于是可以将灰度值小于等于 127 的像素点灰度值设置为 0，将灰度值大于 127 的像素点灰度值设置为 255，这样就达到了二值化的效果。

OpenCV 中阈值分割有三种方式：固定阈值法、自适应阈值法、最大类间方差法。

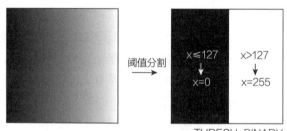

图 4 - 22　灰阶图阈值分割示例

1）固定阈值法：根据需要处理的图像的先验知识，对图像中的目标与背景进行分析。通过对像素的判断、图像的分析，选择出阈值所在的区间，并通过实验进行对比，最后选择出比较好的阈值。固定阈值是在整幅图片上应用一个阈值进行分割，并不适用于明暗分布不均的图片。

【实现方式】

OpenCV 通过 cv2. threshold( ) 函数实现固定阈值分割。

```
ret, th = cv2.threshold(img, 127, 255, cv2.THRESH_BINARY)
```

其中：

参数 1:要处理的原图,一般是灰度图;

参数 2:设定的阈值;

参数 3:对于 THRESH_BINARY、THRESH_BINARY_INV 阈值方法所选用的最大阈值,一般为 255;

参数 4:固定阈值分割的方式,主要有 5 种(cv2.THRESH_BINARY、cv2.THRESH_BINARY_INV、cv2. THRESH_TRUNC、cv2.THRESH_TOZERO、cv2.THRESH_TOZERO_INV)。

返回值: ret 是 return value 缩写,代表当前的阈值。th 指的是阈值分割以后的图像。

【代码示例】

```
import cv2
# 灰度图读入
img = cv2.imread('gradient.jpg', 0)
# 阈值分割
ret, th = cv2.threshold(img, 127, 255, cv2.THRESH_BINARY)
cv2.imshow('thresh', th)
cv2.waitKey(0)
cv2.destroyAllWindows()
```

【结果展示】

固定阈值分割的 5 种方式为：

- cv2.THRESH_BINARY(二值化)
- cv2.THRESH_BINARY_INV(二值反转)
- cv2.THRESH_TRUNC (截断)
- cv2.THRESH_TOZERO(零化)
- cv2.THRESH_TOZERO_INV(零化反转)

图 4 - 23 展示了上述 5 种固定阈值分割方式对 Original 图片进行阈值分割的结果。

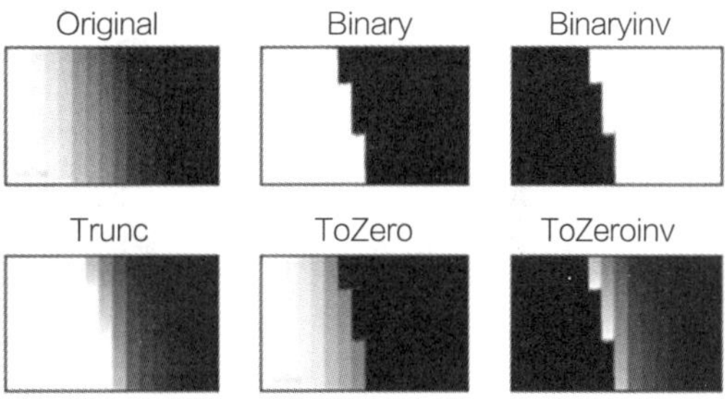

图 4 - 23　固定阈值分割 5 种方式示例

2）自适应阈值法：自适应阈值会每次取图片的一小部分计算阈值, 图片不同区域的阈值就不尽相同。

【实现方式】

OpenCV 通过 cv2. adaptiveThreshold ( ) 实现自动阈值分割。

```
th2 = cv2.adaptiveThreshold(img, 255, cv2.ADAPTIVE_THRESH_MEAN_C, cv2.THRESH_
BINARY, 101, 4)
```

其中：

参数 1:要处理的原图;

参数 2:最大阈值,一般为 255;

参数 3:小区域阈值的计算方式;

ADAPTIVE_THRESH_MEAN_C:小区域内取均值;

ADAPTIVE_THRESH_GAUSSIAN_C:小区域内加权求和,权重是个高斯核;

参数 4：阈值分割方式，只能使用 THRESH_BINARY、THRESH_BINARY_INV；

参数 5：图片中分块的大小，如 11 块就是 11 * 11 的小块；

参数 6：阈值计算方法中的常数项，最终阈值等于小区域计算出的阈值再减去此值。

【代码示例】

```
import cv2
img = cv2.imread('lena.jpg', cv2.IMREAD_GRAYSCALE)
ret, th1 = cv2.threshold(img, 127, 255, cv2.THRESH_BINARY)#固定阈值
#平均值法
th2 = cv2.adaptiveThreshold(img, 255, cv2.ADAPTIVE_THRESH_MEAN_C, cv2.THRESH_
BINARY, 101, 4)
#加权平均(高斯核)
th3 = cv2.adaptiveThreshold(img, 255, cv2.ADAPTIVE_THRESH_GAUSSIAN_C, cv2.
THRESH_BINARY, 101, 4)
imgs = [img, th1, th2, th3]
titles = ['Original', 'threshHoldConst', 'AdaptiveMean', 'AdaptiveGauss']
for i in range(4):
    cv2.namedWindow(titles[i], v2.WINDOW_AUTOSIZE)
    cv2.imshow(titles[i], imgs[i])
cv2.waitKey(0)
cv2.destroyAllWindows()
```

【结果展示】

固定阈值和自动阈值分割结果展示如图 4 - 24 所示。

图 4 - 24　固定阈值和自动阈值分割结果展示

3）最大类间方差法（OTSU）：OTSU 是一种使用最大类间方差自动确定阈值的方法。是一种基于全局的二值化算法，它是根据图像的灰度特性，将图像分为前景和背景两个部分。当取最佳阈值时，两部分之间的差别应该是最大的，在 OTSU 算法中所采用的衡量差别的标准就是较为常见的最大类间方差。前景和背景之间的类间方差如果越大，就说明构成图像的两个部分之间的差别越大，如果部分目标被错分为背景或部分背景被错分为目标，都会导致两部分差别变小，当所取阈值的分割使类间方差最大时就意味着错分概率最小。

【代码示例】

```
#otsu 阈值
```

```
ret2,th2 = cv2.threshold(img,0,255,cv2.THRESH_BINARY + cv2.THRESH_OTSU)
#先进行高斯滤波,再使用otsu阈值法
blur = cv2.GaussianBlur(img,(5,5),0)
ret3,th3 = cv2.threshold(blur,0,255,cv2.THRESH_BINARY + cv2.THRESH_OTSU)
```

最大类间方差法对双峰图片分割的效果较好,如图 4 – 25 所示。双峰图片是指:图片的灰度直方图上有两个峰值,直方图就是每个值(0 ~ 255)的像素点个数统计。OTSU 算法假设这幅图片由前景色和背景色组成,通过统计学方法(最大类间方差)选取一个阈值,将前景和背景尽可能分开。

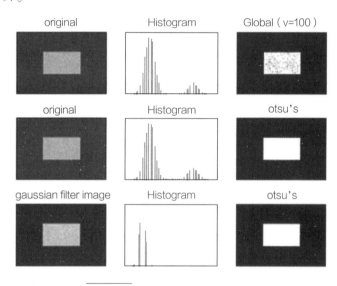

图 4 – 25　OTSU 算法分割效果

4. 边缘检测

边缘(edge)是指图像局部强度变化最显著的部分,主要存在于目标与目标、目标与背景、区域与区域(包括不同色彩)之间,是图像分割、纹理特征和形状特征等图像分析的重要基础。

图像边缘检测是图像处理和计算机视觉中的基本问题,其目的是标识数字图像中亮度变化明显的点。图像属性中的显著变化通常反映了属性的重要事件和变化,主要包括深度上的不连续、表面方向不连续、物质属性变化和场景照明变化。边缘检测是图像处理和计算机视觉中,尤其是特征提取中的一个重要研究领域。图像边缘检测可以大幅度减少数据量,剔除可以认为不相关的信息,只保留图像中重要的结构属性。

图 4 – 26　边缘检测示例

边缘检测示例如图 4 – 26 所示。

边缘检测一般按滤波、增强、检测的步骤进行。

1)滤波:边缘检测算法主要是基于图像强度的一阶和二阶导数,但是导数对于噪声很敏感，因此需要采用滤波器来改善与噪声有关的边缘检测器的性能。

2）增强：增强边缘的基础是确定图像各点邻域强度的变化值。增强算法可以将灰度点邻域强度值有显著变化的点凸显出来。

3）检测：邻域中有很多点的梯度值较大，但是在特定的应用中，这些点并不是要找的边缘点，需要取舍。

Canny 边缘检测算法是 John F. Canny 于 1986 年开发出来的一个多级边缘检测算法。

Canny 边缘检测使用 cv2. Canny( ) 检测物体的边缘。Canny 边缘检测方法常被誉为边缘检测的最优方法。

【实现方式】

cv2. Canny( ) 进行边缘检测，参数 2、3 分别表示最低、最高阈值。

```
Canny(image, threshold1, threshold2[, edges[, apertureSize[, L2gradient]]]) - > edges
```

【代码示例】

```
img = cv2.imread("D:/lion.jpg", cv2.IMREAD_GRAYSCALE)
# 调用 Canny 函数,指定最低、最高阈值分别为 50、150
canny = cv2.Canny(img, 50, 150)
cv2.imshow('canny', canny)
cv2.waitKey(0)
cv2.destroyAllWindows()
```

【运行结果】

边缘检测结果如图 4 - 27 所示。

图 4 - 27　边缘检测结果

5. 感兴趣区域提取

从被处理的图像以方框、圆、椭圆、不规则多边形等方式勾勒出的需要处理的区域，称为感兴趣区域（Region Of Interest，ROI）。提取感兴趣区域，再进行图像处理，可以大幅度减少计算量。

如图 4 - 28 所示，要检测眼睛，因为眼睛肯定在脸上，所以感兴趣的只有脸这部分，可以单独把脸截取出来，以大大减少计算量，提高运行速度。

图 4 - 28　感兴趣区域示例

6. 图像亮度、对比度调节

图像亮度，以灰度图像为例，指的是图像的明暗程度，图像的像素值整体越接近于 255，图像越亮，反之越接近于 0，图像越暗。

对于图像对比度，假设灰度图像的像素值的范围为 [a，b]，如果 b−a 的值越接近于 255，图像对比度越大，看上去图像更清晰；反之越接近于 0，图像越不清晰。

OpenCV 中亮度和对比度应用这个公式来修改：$g(x) = \alpha f(x) + \beta$。其中：$\alpha(>0)$，用于控制图片的对比度；$\beta$ 常称为增益与偏置值，用于控制图片亮度。

下面展示图像亮度、对比度变化的效果，如图 4−29、图 4−30、图 4−31 所示。

图 4−29　灰度图像亮度增加效果

图 4−30　灰度图像对比度增加效果

图 4−31　彩色图像亮度、对比度增加效果

4.2.3　应用开发流程

计算机视觉应用开发流程一般包括 6 个步骤，如图 4−32 所示。

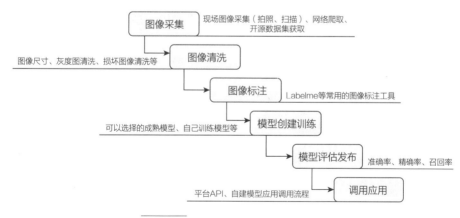

图 4−32　计算机视觉应用开发流程

1. 图像采集

训练是人工智能的根基，通过大量的数据，覆盖各种可能的场景，这样才能得到一个优

良的算法模型，开发更加有效的智能应用出来。而数据作为人工智能这枚火箭的燃料，可以通过各种途径采集获取。如图4-33所示，常见的有现场采集（拍照、扫描）、网络爬取、开源数据集获取。

现场采集　　　　　　　　　网络爬取　　　　　　　　开源数据集

图4-33　图像数据采集方式

2. 图像清洗

计算机视觉应用开发中，数据处理占据工作量的70%。图像数据的质量（准确性、完整性、时效性、可解释）直接决定了模型的预测和泛化能力。真实图像数据中存在缺失值、噪音、异常点，不利于算法模型训练，需要进一步清洗得到可以训练的数据。

3. 图像标注

图像标注（Image Captioning）有人工数据标注、自动数据标注和外包数据标注。人工数据标注的优点是标注结果比较可靠，自动数据标注一般都需要二次复核，避免程序错误。人工数据标注的标注工具可分为客户端与 WEB 端标注工具，在线的 WEB 端标注工具面临数据流失的风险。常用的图像标注工具有 LabelImg、Labelme、RectLabel、OpenCV/CVAT 等。

4. 模型创建训练

对于不同的开发需求，要创建相应类型的模型。图4-34展示的是某在线 AI 平台的模型创建界面。模型创建完成后，将标注好的数据导入到平台中，即可开始模型训练。

图4-34　模型创建界面

5. 模型评估发布

对于训练好的模型，需要通过测试集来评估其性能。如果性能不能满足开发需求，需要重新调整模型训练；如果性能已经达到开发需求，则可以模型部署，以便调用。模型部署界面如图 4 - 35 所示。

6. 调用应用

模型部署完成后再创建相应的应用，然后即可通过其 API 调用模型，实现相应的功能。如图 4 - 36 所示，使用 Python 中的 requests 模块调用 API 对本地的图片进行分类，得到可能的 5 种类别和对应的概率值。

发布模型	
选择模型	flowerClassification
部署方式	公有云部署
选择版本	V1
服务名称	花卉分类
接口地址	https://aip.baidubce.com/rpc/2.0/ai_custom/v1/classificat ion/ hawen
其他要求	

图 4 - 35　模型部署界面

```
import requests
import json

import requests
import json
""" 获取token值 """
def get_token():
    # client_id 为官网获取的 API Key ，client_secret 为官网获取的
    host = 'https://aip.baidubce.com/oauth/2.0/token?grant_type=c
    response = requests.get(host)
    access_token=""
    if response:
        # print(response.json())
        temp_json=response.json()
        access_token=temp_json["access_token"]
        print("access_token",access_token)
        return access_token
toeken_str=get_token()

dandelion 0.9884267449378967
daisy 0.005437036510556936
roses 0.0045528849586884444
tulips 0.0009312772308476269
sunflowers 0.0006520860479213297
```

图 4 - 36　调用应用

4.3　案例体验

4.3.1　案例体验 1：人脸检测

扫码看视频

【目标】

完成图片多人脸检测功能的开发。用 OpenCV 检测图像中的人脸，然后将人脸框出显示出来。基于 1956 年达特茅斯会议部分参会人的合影，用 OpenCV 人脸检测并绘制矩形框后如图 4 - 37 所示。

【分析】

OpenCV 中的 CascadeClassifier 是用来做目标检测的一个级联分类器，可以用于人脸检测。它可以使用图像中提取的 Haar 和 LBP 两种特征，本方案采用 Haar 特征。检测出人脸返回得到人脸框的位置信息，然后通过 cv2. rectangle 绘制矩形框再显示。

【实现】

```
# 人脸检测模型应用 - 图片人脸检测
from cv2 import cv2
# 读取待处理图像
```

图 4 - 37　人脸检测示例

```
img = cv2.imread('facedetect2.jpg', cv2.IMREAD_COLOR)
# 加载正面人脸检测分类器
face_data = cv2.CascadeClassifier('haarcascade_frontalface_default.xml')
# 检测人脸
faces = face_data.detectMultiScale(img, 1.3, 2)
# 根据返回绘制人脸矩形框
for x, y, w, h in faces:
    cv2.rectangle(img, (x, y), (x + w, y + h), (0, 255, 0), 1)
# 显示图像
cv2.imshow('img', img)
cv2.waitKey(0)
cv2.destroyAllWindows()
```

【知识点】

1. Haar 特征

Haar 特征是一种反映图像灰度变化，通过像素分模块求差值的一种特征。Haar 特征包括四种特征描述方式：边缘特征、线性特征、中心特征和对角线特征。

脸部的一些特征能由矩形特征简单地描述，如：眼睛比脸颊颜色深，嘴巴比周围颜色深等。所以可以通过矩阵灰度变化提取相应的特征。然而图像上特征的位置是不确定的，大小也是不确定的，于是就需要遍历图像上所有的矩阵来提取特征。这需要很大的计算量，仅仅一个 24×24 的图像的矩阵就达到 16 万个，所以需要一个快速的方法计算灰度变化。Haar 特征采用矩阵积分图加速矩阵计算。如图 4-38 所示，假设需要计算原图（左上）中矩形区域灰度值的和，而矩形区域是不断变化的，于是会造成很多重复的计算量。积分图（左下）的构造方式为：对于每个像素点，令其积分值为图像左上角到该点构成矩形区域所有像素值的和，通过增量计算，一次遍历即可完成整个积分图构建。于是对于原图中某区域的矩阵求和计算，可以通过查询积分图（右上）中对应位置的积分值，做反向增量计算即可得到。

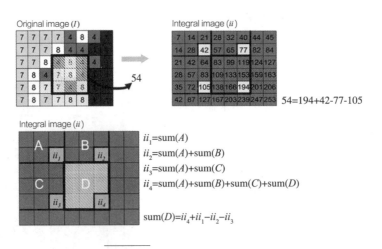

图 4-38 Haar 特征积分图原理

2. CascadeClassifier 人脸检测

调用 CascadeClassifier 中的 detectMultiScale 函数可以进行人脸检测，主要用到 3 个参数：参数 1 为 image，代码中 img 为输入的图像，为了加速计算一般采用灰度图像；参数 2 为 scaleFactor，表示在前后两次相继的扫描中，搜索窗口的比例系数，默认为 1.1，即每次搜索窗口依次扩大 10%，代码中设置为 1.3；参数 3 为 minNeighbors，表示构成检测目标的相邻矩形的最小个数（默认 3 个），当第一次检测到此处有人脸，然后按照参数 2 的比例不断扩大矩形框，如果连续多次（默认 3 次）扩大的矩形框中的内容都被模型识别为人脸，则最终被标记为人脸，代码中次数设置为 2。如果 minNeighbors = 0，则函数不做任何操作就返回所有的被检候选矩形框，如图 4 - 39 所示，这种设定值一般用在用户自定义检测结果的组合程序上。

图 4 - 39   人脸检测示例 minNeighbors = 0

3. 矩形框绘制

调用 OpenCV 中 rectangle 函数可以在图像上绘制矩形框，需要用到 5 个参数：参数 1 为 image，即输入的图像；参数 2 为 pt1，表示矩形框左上角的点的坐标；参数 3 为 pt2，表示矩形框右下角的点的坐标，由于人脸检测返回的是（x, y, w, h）信息，分别表示矩形框左上角点的 x 坐标值、矩形框左上角点的 y 坐标值、矩形框的宽、矩形框的高，所以右下角的点的坐标可以表示为（x + w, y + h）；参数 4 为 color，表示绘制的矩形框的颜色，由三个通道数值决定；参数 5 为 thickness，表示绘制的矩形框的粗细。

4.3.2   案例体验 2：边缘检测

【目标】

改进 4.2.2 中的 Canny 边缘检测，对手写数字 "69" 图像进行边缘检测，使效果更加明显，如图 4 - 40 所示。

【分析】

对于 4.2.2 中的 Canny 边缘检测的示例，虽然检测出了手写数字 "69" 的边缘，但是在数字内部还存在很多干扰信息，还需要进一步改进。改进方法：通过 4.2.2 中的 otsu 阈值分割方法，将图像二值化，使前景和背景更加明显，再进行边缘检测。图 4 - 41 从左到右分别展示了原图、otsu 阈值分割后的图、在阈值分割基础上边缘检测的效果图。

图 4 - 40   数字边缘检测示例

图 4 - 41   数字边缘检测改进示例

【实现】

```
# 导入 OpenCV、numpy
import cv2
import numpy as np
# 读取图片数据
img = cv2.imread('handwriting.jpg', 0)
# 先进行 otsu 阈值分割
ret1, th1 = cv2.threshold(img, 0, 255, cv2.THRESH_BINARY + cv2.THRESH_OTSU)
# 对进行了 otsu 阈值分割的图像进行 Canny 边缘检测
edge3 = cv2.Canny(th1, 30, 70)
# 用 numpy 拼接图像矩阵
tmp = np.hstack((img, th1, edge3))
# 创建显示窗口
cv2.namedWindow('Canny', cv2.WINDOW_NORMAL)
# 显示图像
cv2.imshow('Canny', tmp)
cv2.waitKey(0)
cv2.destroyAllWindows()
```

【知识点】

numpy 图像矩阵拼接

numpy 中 hstack、vstack、concatenate 函数能够实现多个数组的拼接。hstack 可以对数组进行按列拼接, 这需要所有数组除了列数以外, 其他维度的尺寸要一致。vstack 可以对数组进行按行拼接, 这需要所有数组除了行数以外, 其他维度的尺寸要一致。concatenate 中根据设置的参数 axis 的值, 可以指定拼接方向, 同样要求所有数组在指定轴除外的其他维度上尺寸一致。

习　　题

一、选择题

1. 以下不属于计算机视觉应用场景的是 (　　　)。

　　A. 文字识别　　　　　B. 人脸识别　　　　　C. 智能语音客服　　　D. 医疗影像

2. (多选) 在无人驾驶中, 车辆在行驶时需要实时地去感知周围的环境, 需要安装各种传感器, 无人驾驶一般包含哪些感知传感器? (　　　)

　　A. 激光雷达　　　　　B. 摄像头　　　　　　C. 夜视摄像头　　　　D. 超声波传感器

3. (多选) 与医学影像相关的医学成像系统和医学图像处理与分析是智慧医疗最为典型的应用场景, 关于计算机视觉在医学影像中的主要应用技术方向包含以下哪几个? (　　　)

　　A. 图像重建　　　　　B. 病灶检测　　　　　C. 计算机辅助诊断　　D. 图像分割

4. (多选) 图像边缘检测是图像分割、纹理特征和形状特征等图像分析的重要基础, 主要分为以下几个步骤: (　　　)。

　　A. 滤波　　　　　　　B. 增强　　　　　　　C. 分割　　　　　　　D. 检测

5. 关于图像压缩以下说法错误的是（　　）。

 A. 图像压缩包括有损压缩和无损压缩

 B. 有损压缩适合各种图像的压缩，且都不影响人眼观察

 C. 经过无损压缩以后的数据进行图像复原（解压），重建的图像与原始图像完全相同

 D. JPEG 图片主要采用 DCT（离散余弦变化）和霍夫曼编码的方式，支持有损和无损压缩

6. 一幅分辨率为 200×300 的图像，关于该图像的存储量，以下说法正确的是（　　）。

 A. 如果是黑白图像，该图像的存储量是 60Kbytes

 B. 如果是灰度图像，该图像的存储量是 7.5Kbytes

 C. 如果是 24bit 真彩图像，该图像的存储量是 120Kbytes

 D. 如果是灰度图像，该图像的存储量是 60Kbytes

7. （多选）Haar 特征是一种反映图像灰度变化，通过像素分模块求差值的一种特征，Haar 特征包括（　　）。

 A. 边缘特征　　　　　B. 线性特征　　　　　C. 中心特征　　　　　D. 对角线特征

8. （多选）CascadeClassifier 是 OpenCV 中做人脸检测时的一个级联分类器，包括以下哪几种特征？（　　）

 A. Haar　　　　　　B. LBP　　　　　　C. HOG　　　　　　D. PHOG

9. 用 OpenCV 做人脸检测时，face_date. detectMultiScale（image，scaleFactor，minNeighbors）的参数说明错误的是（　　）。

 A. image 待检测图像，为了加快速度，一般直接输入灰度图像

 B. scaleFactor 表示在前后两次相继的扫描中，搜索窗口的比例系数

 C. minNeighbors 表示构成检测目标的相邻矩形的最小个数。

 D. minNeighbors 参数设置越大，则检测到人脸的可能性越小

二、思考题

1. 计算机视觉的应用领域非常广泛，除了本课程所讲述的，请举例说明你在生活学习中所见到的其他应用场景。

2. 图像采集开发时，可以利用开源数据集，请列举 2 个以上开源数据集的名称及其应用方向。

3. 关于人脸检测、人脸识别，除了 OpenCV，还有哪些方法或框架可以实现？

第 5 章
语音处理

技能目标

会进行语音信号预处理和语音识别。

知识目标

了解语音处理的概念以及应用场景；掌握语音处理的基本原理及发展现状；熟悉语音处理关键技术。

素质目标

树立追根溯源、勇于探索的科学精神，探求语音处理的奥秘；提升创新创业意识，突破自我，了解语音处理在生活中的多元应用，成就精彩人生。

5.1 语音处理概述及应用场景

扫码看视频

5.1.1 语音处理概述

语言是人类进行沟通与交流的表达方式，人们彼此之间的交流离不开语言。通过图片、肢体动作、面部表情等方式可以很好地传递人们的思想，但是语言却是最重要，同时也是最方便的沟通媒介。语言的产生对于人类的发展和进步具有深远的影响。

语言由语音、语法和词汇三大要素构成，其中最重要也是最基本的要素就是语音，语音在语言中起着决定性的支撑作用。语音是语言的外在表现形式，是最直接记录人的思维活动的符号体系。语音是人的发声器官发出的具有一定社会意义、用来进行社交活动的声音。

在人工智能各领域当中，语音处理是研究历史最长、要求最高的领域之一。任何智能系统都必须解决的一个问题就是采用什么方式进行交流，相比于图形系统或者数据系统，语言交流往往是第一选择。因此，核心问题又转移到语音处理上了。

1. 语音处理的定义

语音处理（Speech Signal Processing）是用以研究语音发声过程、语音信号的统计特性、语音的自动识别、机器合成以及语音感知等各种处理技术的总称。由于现代的语音处理技术是以数字计算为基础，并借助微处理器、信号处理器或通用计算机等加以实现的，因此也称数字语音信号处理，如图 5-1 所示。

图 5-1 语音信号处理

语音信号处理是一门多学科的综合技术，它以生理、心理、语言以及声学等为基础，以信息论、控制论、系统论作为指导，通过应用信号处理、统计分析、模式识别等现代技术手段，发展成为一门新的学科。

2. 语音交互

语音交互涉及语言处理的几乎所有内容。图 5-2 所示是语音交互系统的架构图，语音交互总共涉及语音输入、语音识别、语言理解、对话管理、任务执行、语言生成、语音合成和语音输出 8 个模块。其中语音输入模块是对语音信号的拾取过程，语音识别是对语音进行文本化的过程，语言理解属于自然语言处理的范畴，将在下一章节进行详细的讲解，对话管理模块会根据语言理解的结果进行相应的内容搜索，进而执行相应的搜索任务，然后将执行任务结果即搜索结果反馈给语言生成模块，进一步生成文本信息，再给到语音合成模块，进行语音合成，最后将合成的语言给到语音输出模块进行语音的输出。以上就是一个完整的人与计算机进行语音交互的过程。

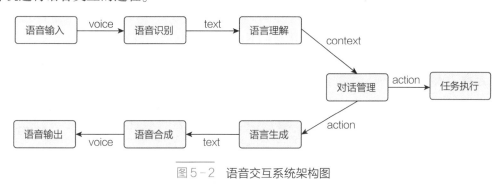

图 5-2   语音交互系统架构图

3. 语音处理技术发展史

早在一两千年以前，人们就开始对语音信号进行研究。只不过那时没有如今琳琅满目的研究仪器，在很长的一段时间里，只能通过耳朵倾听以及嘴巴模仿来进行研究。因此，当时的语言研究被称为"口耳之学"，对语音的研究仅仅停留在定性描述上。

真正意义上的语音信号处理的研究要追溯到 1876 年贝尔电话的发明，贝尔电话第一次使用声电、电声信号转换技术实现了远距离的语音传输。1939 年，美国新泽西州的贝尔实验室的物理学家 Homer Dudley 发明了声码器（Voice Encoder），奠定了语音产生模型的基础。这一发明在语音信号处理领域具有划时代的重要意义。1952 年，在贝尔实验室诞生了由 Davis 等人研制的世界上第一个能识别 10 个英文数字发音的实验系统。1960 年英国的 Denes 等人研制出了第一个计算机语音识别系统。20 世纪 70 年代以后，大规模语音识别研究开始了，同时，在小词汇量、孤立词的识别方面取得了实质性的进展。20 世纪 80 年代以后，语音识别的研究重点逐渐向大词汇量、非特定人的连续语音识别方向转变。与此同时，语音识别的研究思路也有了重大的改变，从传统的基于标准模板匹配的技术思路转向基于统计模型的技术思路，极大地提高了语音识别的准确率。另外，有业内专家再次提出将神经网络技术引入语音识别。20 世纪 90 年代前期，大词汇量连续语音识别得到优化。许多大公司对语音识别系统的实用化研究投入巨资，语音识别技术也因此有了一个很好的评估机制，即识别的准确率，这项指标于 20 世纪 90 年代中后期在实验室研究中不断提高。比较有代表性的是 1997 年 IBM 公司推出的 ViaVoice 语音识别系统，用户只需要对着话筒喊出要输入的字符，计算机就能够自动判断并且帮用户输入文字。2009 年以来，借助深度学习研究的发展以及大数据语料的积累，语音识别技术得到突飞猛进的发展。

语音识别技术发展到今天已经有 70 多年，但从技术方向上大致可以分为三个阶段。

1）1980 年以前，基于模板匹配的技术思路。

2）1980 年到 2009 年，基于统计模型的技术思路，高斯混合模型/隐马尔可夫模型（GMM – HMM）时代。

3）2010 年后，深度学习技术应用，框架升级 DNN – HMM，2015 年，"端到端"技术兴起，2017 年微软在 Switchboard 上达到词错误率 5.1%，语音识别的准确性首次超越了人类（限定条件下）。

从 1993 年到 2017 年在 Switchboard 上语音识别率的进展情况如图 5 – 3 所示。从图中也可以看出，从 1993 年到 2009 年，语音识别一直处于 GMM – HMM 时代，语音识别率提升缓慢，尤其是从 2000 年到 2009 年语音识别率基本处于停滞状态；2009 年随着深度学习技术，特别是 DNN 的兴起，语音识别框架变为 DNN – HMM，语音识别进入了 DNN 时代，语音识别准确率得到了显著提升；2015 年以后，由于"端到端"技术兴起，语音识别进入了百花齐放时代，语音界都在训练更深、更复杂的网络，同时利用"端到端"技术进一步大幅提升了语音识别的性能，直到 2017 年微软在 Switchboard 上达到词错误率 5.1%，从而让语音识别的准确性首次超越了人类。

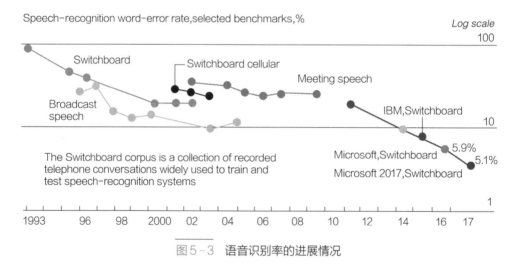

图 5 – 3　语音识别率的进展情况

目前，在安静环境、标准口音、常见词汇场景下的语音识别率已经超过 95%。业界语音识别准确率最高的是科大讯飞，其产品讯飞输入法的语音识别准确率超过 98%，并且一分钟能识别 400 个汉字。

5.1.2　语音处理的应用

语音处理技术应用的范围非常广泛，在众多领域都发挥着作用，比如语音输入法、智能语言助理、智能音箱、智能家居、智能车载助手、智能客服、声纹识别、公检法领域的应用、智能服务机器人、智能翻译机、智慧医疗等领域。图 5 – 4 所示是中国智能语音初创企业应用领域分布图。

图 5-4　中国智能语音初创企业应用领域分布图

1. 语音输入法

普通人的打字速度大概是每分钟 60 字，一般人说话的速度是每分钟 150 字。如果采用语音输入法，可以极大地提高输入的效率。国内常用的输入法有讯飞输入法、搜狗输入法和百度输入法。

科大讯飞的语音输入，最高识别速度能够达到 1 分钟 400 字，不仅支持中文录入、中文转英文等功能，还支持粤语、四川话、东北话、上海话、闽南语等多种方言输入。2020 年以来，讯飞输入法还强化了语音识别率、优化领域词识别、新增唇形辅助输入等，进一步强化了语音强大的品牌印象标签。公开数据显示，讯飞输入法日语音交互次数超过 10 亿次，语音输入累计服务设备超过 5 亿台，语音用户占比超过 70%。不管是用户群体数量还是使用效果，讯飞输入法都位列业界第一。根据易观分析报告，国内常用语音输入法认可度如图 5-5 所示。

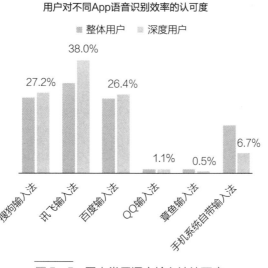

图 5-5　国内常用语音输入法认可度

2. 智能语音助理

目前大部分的智能终端都带有智能语音助理的功能。常见的智能语音助理如图 5 - 6 所示。PC 端常见的有微软 Win10 操作系统里的小娜。移动端则比较多，常见的有微软的小冰、苹果的 Siri、Google 手机助手 Assistant、华为智慧助手小艺和小米的小爱同学等。小冰是微软推出的一个人工智能聊天机器人，现在已经能够做到创作诗歌、编写新闻，而且在北京人民广播电台开播过节目。Siri 是一款内置于苹果 iOS 系统中的人工智能软件。Google Assistant 是内置于 Android 设备的一款智能助理，其具有持续对话功能，也就是说在与人对话的过程中，

其能够记住对话的上下文，并对上下文进行理解，对话体验更接近人与人之间的对话。小米的小爱同学和华为的小艺是手机和智能音箱中内置的智能语音助理的软件。总体来说，智能语音助理是利用语音处理和自然语言处理技术，使用户能够使用语音与设备进行交互，从而完成搜索数据、查询天气、设置日程、设置闹铃、接打电话等多种操作。

图 5 - 6　常见的智能语音助理

3. 智能音箱

现在很多厂家都推出了定制的智能音箱，比如小米、Apple、华为、阿里、百度等，如图 5 - 7 所示。其主要目的在于抢占智能家居的入口。智能音箱表面上看只是普通音箱的升级产物，实则不然，它是用户使用语音进行上网的一个工具，可以极大地方便用户进行某些操作，例如歌曲点播、网上购物、预订车票或者机票、查询天气预报等。同时，智能音箱也是智能家居的控制设备，能够实现对家中各种智能家居的控制，例如开关电灯、设置空调温度、打开窗帘、调节电视音量或者换台等操作。

小米小爱　　　HomePod　　　华为小艺　　　天猫精灵

图 5 - 7　智能音箱

4. 智能家居

语音控制在智能家居领域其实早有应用，多年前，美国一家视听公司就通过 Siri 控制快思聪自动化控制系统，用户可以通过语音来开启灯光、调整灯光亮度、启动家庭剧院、控制空调、切换影音频道等，让家庭自动化的功能往前迈进了一大步。

在国内，中国语音产业联盟的成立有力推动了中国语音产业链上下游企业加快发展的步伐。在第 122 届广交会上，海尔空调展出了行业首个"语音遥控器"，它为用户实现"智能化操作"带来了便捷。用户只需对着小巧的语音遥控器说话，这一语音遥控器即可进行智能辨识并对空调发出指令实现自动开关机、调温，以及开启省电、自清扫、换气、除甲醛等各类特殊模式，非常简便随心。

在国内智能家居方面做得最好的企业之一小米，其开发的米家 App 与所有小米及生态链的智能产品实现互联互通，同时也开放接入第三方的产品，目前接入米家 App 的智能设备超过了1000 种，米家 App 连接的智能设备数突破 4 亿台，同比增长 33.1%。拥有 5 件及以上智能设备的用户量有 800 万人，同比增长 42.8%。米家 App 月活用户量高达 5990 万人，同比增长39%。图 5-8 展示了 2019 年第一季度到 2021 年第一季度米家 App 月活跃用户及增长率。

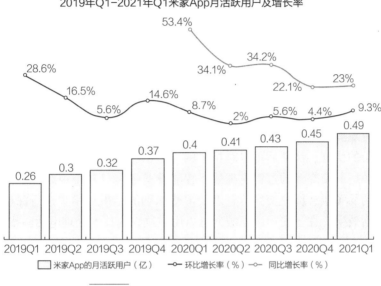

图 5-8　米家 App 月活跃用户及增长率

语音控制技术在智能家居方面的应用不仅大大提高了产品人机互动的智能程度，更有望带动家电行业智能技术新一轮的创新步伐，使之成为行业增长的新引擎。

5. 智能车载助手

语音识别等语音处理技术也应用在智能车载助手上，中研普华出版的《2021—2026 年智能座舱行业深度研究报告》显示：2025 年中国智能驾驶舱市场空间将达 1196 亿元。智能车载助手是智能驾驶舱的核心应用，由于驾驶环境的要求，车载系统主要以语音交互为主。

智能车载助手主要的应用场景有以下几方面。

1）多媒体娱乐方面：播放音乐、电台或视频的能力，是智能车载助手最常见的例子；

2）车辆控制功能方面：包括调节车内空调温度、调整车窗、调整后视镜，甚至可以切换驾驶模式；

3）智能导航方面：系统能够理解驾驶员的语音指令，并提供有效的导航服务；

4）驾驶行为监控提醒方面：如果发现驾驶者的驾驶时间过长，或是频繁出现压线行驶和紧急刹车等情况，智能车载助手能够及时地给予驾驶者语音提醒，使其保持清醒；

5）车况监控提醒方面：实时的监控可以帮助驾驶者发现汽车的问题，并及时地提醒驾驶员，避免意外的发生。

6. 智能客服

智能语音技术在智能客服中的应用比较常见。国内的三大运营商中国移动、中国联通和中国电信，以及各大电商平台如京东、天猫、苏宁易购等都已经采用了智能客服。在用户量大的行业如通信、金融、电力、交通、教育等行业都已经广泛地采用智能客服代替人工客服。智能客服整合了语音识别、语音合成、生物识别、自然语言处理等技术，能够智能地引导用户并响应用户的需求。目前，智能客服只具备引导和回答简单问题的能力，还不能很好地与人交互。对于比较复杂的问题，还是需要人工客服来进行解决。但是随着技术的发展，声纹识别、自然语言处理方面的能力逐渐提升，智能客服就可以自动识别用户身份，并且通过之前咨询过的历史记录、个人信息，对应地提供个性化的服务。

7. 声纹识别

语音处理不仅可以将语音转换成文字，还可以进行口音识别，识别出你是哪里人；语种识别，识别出你说的是哪一种语言；情感识别，识别出你现在是高兴、悲伤、恐惧，还是焦虑；以及性别识别，识别出你是男是女，这其中很重要的就是声纹识别，如图5-9所示。声纹识别技术能够提取每一个人独一无二的语音特征，实现"听音辨人"，在涉及说话人身份识别的场景中具有重要的应用价值。例如在复杂的多人对话场景中，智能设备可以利用声纹识别技术进行身份的认证，认证后可以对相应的人做出相应的处理，这样可以避免人工识别对象发生错误的尴尬，使交互的过程更高效。智能设备还可以利用声纹技术为用户做个性化的服务，结合当前的场景、历史交互信息以及情感识别的结果与用户进行深层次的沟通，从而达到更好的对话效果。在公安司法领域，可以用声纹识别技术处理电话骚扰、绑架、诈骗、勒索等声音信息；在门禁和考勤系统中，可以通过提取语音中的声纹特征进行登记和签到；在金融行业，可以采用声纹识别技术对电话银行或远程证券交易中的客户进行身份确认；在刑侦领域，可以通过声纹识别技术判断监听电话中是否有嫌疑人出现。

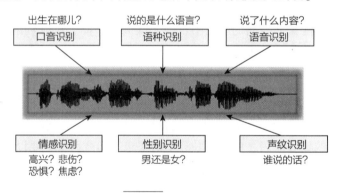

图5-9　声纹识别

8. 公检法领域的应用

语音处理技术在公检法中的应用主要是提供公共安全服务，除了用声纹识别技术处理电话骚扰、绑架、诈骗、勒索等声音信息，以及通过声纹识别技术对嫌疑人进行监听外，还应用在智能庭审，如图5-10所示。在案件审理的过程中，因为速记员记录速度的限制，法官有时候需要放慢审理的速度。即使如此，速记员也只能记录相对重要和认为重要的内容，并且记录内容不能很好地反映庭审当事人当时的心境，而用语音自动识别生成笔录的内容，则可以极大地提高审理记录的效率。虚拟法官则是通过语音合成和虚拟形象生成，在互联网诉讼平台上，以虚拟AI形象同当事人进行初步沟通，协助真人法官完成线上诉讼接待等重复性的基础工作。在警务方面，可以利用语音处理技术完成智能接警以及警务语音语言服务等工作。

智能庭审

采用多语种多方言语音识别、语音合成等技术，结合针对法律业务的专门优化，实现庭审纪律自动播报、**庭审笔录自动生成**、庭审笔录音频即时回听及快速检索等功能。

电信网络反欺诈

电信诈骗指编造虚假信息，设置骗局，大部分电信诈骗是通过电话进行的，声纹识别电信网络反欺诈系统会自动提取声纹并与黑名单做比对，提示重点人员可疑行为，对语音内容关键词识别动态预警，提示可疑案件与犯罪意图。

虚拟法官

通过语音合成和虚拟形象生成，在互联网诉讼平台上，以**虚拟AI形象**同当事人进行初步沟通，协助真人法官完成线上诉讼接待等重复性的基础工作。

声纹研判战法

声纹鉴定与语音分析系统能够进行**语音片段检索、语音自动检测分离和声纹模拟画像**，可协助鉴定人员快速锁定犯罪嫌疑人。

智能接警

· 窗口报警自动录入：系统转录报警人的叙述信息；
· 电话警情自动记录。

警务语音语言服务

针对公安领域专业词汇做专门优化，提供**警用语音输入法**和机器翻译服务。

图 5 - 10　语音处理技术在公检法领域的应用

人类正在步入万物互联、万物智能的时代。语音智能处理和智能语音交互技术架起了人与物联网、互联网服务之间的桥梁，使所有人在任何时间、任何地点用任何设备都能够获取到需要的信息，或者是完成任务。

5.2　语音处理基本原理及技术发展现状

语音交互过程涉及语音处理的各个方面，从图 5 - 2 语音交互系统架构图可知，语音交互的过程为：从语音信号输入到语音识别模块，转换为文本信息，通过语言理解模块提取关键信息，交给对话管理模块执行相应的任务，并将执行结果反馈给语言生成模块，进一步生成文本信息，将生成的文本提交给语音合成模块进行语音合成，最后将合成语音输出。

扫码看视频

5.2.1　关键技术

1. 语音识别技术

语音识别技术是语音处理过程当中最关键的技术。语音识别技术发展至今已经有 70 多年的历史了，但是直到近几年才得到比较快速的发展，主要的原因在于近几年深度学习相关技术的推进，而深度学习技术在近几年之所以如此火热有两个重要原因：其一是计算机的计算能力变得强大了，对于现在的深度神经网络而言，以前的计算机是没有办法进行计算的；其二是有足够大量的数据积累，强大的计算资源加上大数据，使得算法的训练变得比较容易，从而使得语音识别的准确率得到大幅度的提升。但是计算能力的提高不是无限的，随着算法复杂度的增加，语音识别的实时性就会降低，因此需要权衡算法复杂度与实时率之间的关系。语音识别效果的好坏与积累的数据量也有关系，还与训练数据对现实生活场景的表达的代表性有关，代表性越好、覆盖面越广，则识别的效果越好。训练过程当中模型架构的迭代效率也对语音识别的效果有影响，要能针对不同的数据、不同的新算法快速地迭代升级。

2. 语音合成技术

随着大量的数据积累以及深度神经网络技术的应用，语音合成技术在过去的几年里发展得比较成熟，效果也非常不错。如今语音合成技术面临的挑战是需要根据业务的需求，在新场景下实现新声音的快速定制。因为不能使用同一个声音去适应所有的场景，也就是在面对不同的场景时需要有相适应风格的语音。

3. 理解与对话——自然语言处理技术

只是单纯地将声音转换成文字，或者是把文字转换成声音是不够的，还需要对文字进行理解，理解之后还需要进行反馈回复，这背后非常重要的一点就是理解与对话的能力。这些属于自然语言处理的范畴。

4. 语音信息提取及数据挖掘技术

无论是我们和计算机进行语音交互，抑或是智能客服，都会有大量的语音数据保存下来。这些语音数据并没有发挥出大的价值作用，基本上都只是躺在存储介质当中。然而这些语音数据实际上是有较高价值的，目前科研人员正在进行语音数据的搜索、提取以及挖掘等方面的研究。比如阿里巴巴的语音质检，即检查电话人工客服的服务质量，原来需要一个30多人的团队每天抽听这些电话，但即便如此，每天也只能抽取1/100的电话进行检查，如今，阿里巴巴采用了语音识别技术和文本质检技术，基本上可以做到100%的检查。

以上简单介绍了语音处理当中的4个关键技术，下面对语音识别技术和语音合成技术做详细介绍。

5.2.2 语音识别

1. 定义

声音本质上是一种波，如图5-11所示。

语音识别技术，又称为自动语音识别（Automatic Speech Recognition，ASR），就是让机器通过识别和理解把语音信号转变为相应的文本或命令的技术，如图5-12所示。语音识别是一门复杂的交叉学科，涉及心理学、生理学、语言学、计算机科学、信号处理、模式识别、概率论和信息论、发声机理和听觉机理、人工智能等相关学科的知识，具有广阔的应用前景，如语音检索、命令控制、自动客户服务、机器自动翻译等。

图5-11 声波   图5-12 语音识别

语音识别的度量标准有两个，分别是词错误率（Character Error Rate，Word Error Rate）和准确率（Accuracy）。

所谓词错误率就是对于原始长度为N个词的文本进行识别，I是插入词（inserted words）

的数量，D 是删除词（deleted words）的数量，S 表示替换词（substituted words）的数量，则词错误率可以通过下式计算：

$$WER = (I + D + S)/N$$

准确率和词错误率类似，但是不考虑插入错误的情况，可以通过下式进行计算：

$$Accuracy = (N - D - S)/N$$

对于语音识别而言，其使用存在诸多限制与影响因素，有环境的影响，比如噪声、场地、麦克风以及信道等；说话人的影响，比如口音、方言、声音大小等；说话内容的影响，比如多语种的混读以及专业术语等。这些都会影响到语音识别的准确率，也就是说在一般场景下很难达到 100% 的准确率。

2. 基本原理

在介绍基本原理之前，先来看一个例子，语音识别当中最简单的孤立词识别。

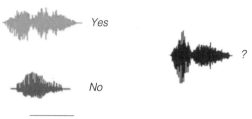

现在有两个词，一个是"Yes"，一个是"No"，分别对两个词进行录音，得到两个词的波形，如图 5-13 左上波形和左下波形

图 5-13　三个孤立词的语音波形

所示。那么现在有第三段语音，其波形如图 5-13 右侧波形所示。现在需要判断第三段语音到底是"Yes"还是"No"，最简单的方法就是模板比较法，即比较右侧波形和"Yes"与"No"中的哪一个更像。数学上就是分别计算右侧波形与左上波形和左下波形之间的距离，与哪个距离小，哪个就是答案。

然而通过直接比较波形的方法得到的结果并不尽如人意。古希腊哲学家赫拉克利特曾经说过一句名言"人不能两次踏进同一条河流"，同样的，人也不能两次说出同一段话。如图 5-14 所示，图中有四幅图，这四幅图是同一个人连续说了四次"你好"采集到的波形，可

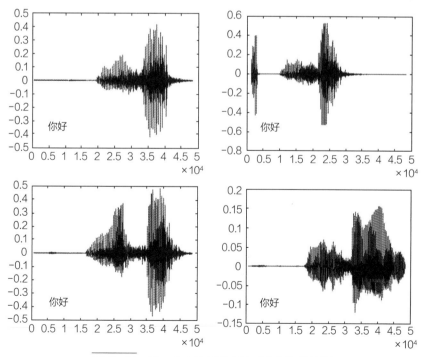

图 5-14　同一个人连续说四次"你好"的波形

以看到每次的波形都是不同的。由此可知通过比较波形不是一个好的判断方法，所以要对语音信号做进一步操作，以得到更好的结果。

语音识别的本质是一种基于语音特征参数的模式识别，即通过学习系统把输入的语音按一定模式进行分类，进而依据判定准则找出最佳匹配结果。目前，模式匹配原理已经被应用于大多数语音识别系统中。基于模式匹配原理的语音识别原理框图经历过两个版本的变迁，分别是 MFCC + GMM – HMM（图 5 – 15a）和 DNN – HMM（图 5 – 15b）。

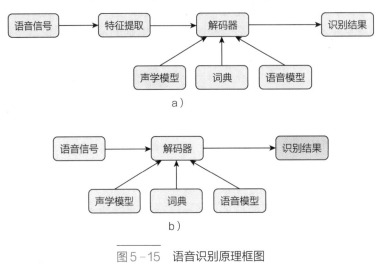

图 5 – 15　语音识别原理框图

下面重点介绍语音识别过程中的特征提取、声学模型和语音模型三个部分。

1）特征提取。从原理框图可以看到 MFCC + GMM – HMM 需要进行特征提取操作，特征提取即是对语音的某一特征进行提取。语音特征是描述语音的核心信息，在语音模型构建中起重要作用。

好的语音特征有以下几个方面：①包含区分音素的有效信息：良好的时域分辨率和频域分辨率；②分离基频 F0 以及它的谐波成分；③对不同说话人具有鲁棒性；④对噪音或信道失真具有鲁棒性；⑤有良好的模式识别特性：低维特征、特征独立。

目前，最常用的语音特征提取技术是梅尔倒谱系数（Mel-Frequency Cepstral Coefficients，简称 MFCC）。MFCC 是 1980 年由 Davis 和 Mermelstein 提出来的。从此，在语音识别领域 MFCC 在人工特征方面从未被超越，直到深度学习出现才改变了这种局面。那么何为 MFCC 呢？人通过声道产生声音，声道的形状决定了发出什么样的声音，声道的形状包括舌头、牙齿等，如果可以准确地知道这个形状，那就可以对产生的音素进行准确描述，声道的形状在语音短时功率谱的包络中就显示出来，MFCC 就是准确描述这个包络的一种特征。

梅尔倒谱系数是在 Mel 标度频率域提取出来的倒谱参数，Mel 标度描述了人耳频率的非线性特性，它与频率的关系可用下式近似表示：

$$\text{Mel}(f) = 2595 * \log(1 + f/700)$$

式中，f 为频率，其单位为 Hz。

下面详细介绍 MFCC 的提取过程。

①语音信号数字化：语音信号的数字化一般包括滤波、音频自动增益（ACG）、采样A/D转换、编码等步骤，如图 5 – 16 所示。

人发出的声音属于模拟变量，即人们日常交流过程中听到的语音信号都属于模拟语音信号，其有两个重要参数：频率和幅度（也叫振幅），如图 5 - 17 所示。声音的频率高低体现音调的高低，声音幅度的大小则体现声音的强弱。对于一段语音，如何对频率和幅度进行度量呢？一个声源每秒钟可产生成百上千个波，把每秒钟生成波峰（或波谷）的数目称为信号的频率，单位用赫兹（Hz）或千赫兹（kHz）表示。人耳朵能听到声音的频率范围是 20Hz ~ 20kHz，因此需要通过滤波器滤掉范围之外的语音信号；而人能发出的声音的频率范围更小，为 70Hz ~ 4kHz，如果只是采集人声的话，按照人能发声的范围进行采集即可。信号的幅度表示信号的基线到当前波峰（或波谷）的距离。幅度决定了信号音量的强弱程度。幅度越大，声音越强。对音频信号，声音的强度用分贝（dB）表示，分贝的幅度就是音量。

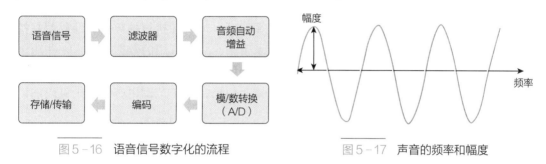

图 5 - 16　语音信号数字化的流程　　　　　　　图 5 - 17　声音的频率和幅度

在处理过程中，声音过高或过低，或者麦克风采集距离变化都会造成采集到的波形忽高忽低，不利于后续的处理，音频自动增益可以将波形的大小自动调节到平稳适合的状态，从而有利于后续的处理操作。

与模拟信号相比，数字信号具有再生性好、数据有效性高、便于加密、抗干扰能力强等诸多优点，因此目前大部分的模拟信号都会经过数字化处理转换为数字信号，这个过程就是模/数转换，一般也称为 A/D 转换，就是把模拟信号转换为数字信号的过程，即将连续的模拟信号转换为由 "0" 和 "1" 组成的数字信号。A/D 转换有三个关键的步骤：采样、量化和编码。

信号采样也称为采样（Sampling），需要把模拟声音信号波形进行分割。采样的过程是每隔一个固定的时间间隔 Δt 在模拟声音的波形 $x(t)$ 上逐点采取其瞬时幅度值，把时间上的连续信号变成时间上的离散信号，如图 5 - 18 所示。该时间间隔称为采样周期，其倒数为采样频率，表示计算机每秒钟采集多少声音样本。

为了使采样之后的数字信号能够比较真实地还原成原来的声音，在采样过程中必须遵循奈奎斯特（Nyquist）采样定理。奈奎斯特采样定理解释了采样率和所测信号频率之间的关系，即采样率 f_s 必须不小于被测信号最高频率分量的两倍，那么所得到的离散采样值就能准确地还原成原信号。该频率通常被称为奈奎斯特频率 f_N。

$$f_s > = 2 \times f_N$$

采样仅仅只是解决了音频波形信号在时间坐标上（横轴）把一个波形切成若干个等分的数字化问题，还需要用某种数字化的方法反映某一瞬间声波幅度的电压值大小，该值的大小会影响音量的高低。对声波波形幅度的数字化表示称为 "量化"。

量化的过程是将采样后的信号按照整个声波的幅度划分为有限个区段的集合，把落入某个区段内的样值归为一类，并赋予相同的量化值，如图 5 - 19 所示。

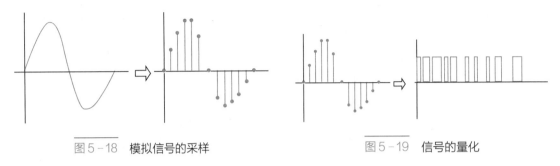

图 5-18　模拟信号的采样　　　　　　　图 5-19　信号的量化

简单来说，采样是横轴对时间进行分段，量化是纵轴对振幅进行分段。

模拟信号经过采样和量化操作之后，形成一系列的离散信号——脉冲数字信号。这些脉冲数字信号可以以一定的方式进行编码，形成计算机可以理解和执行的数据。编码就是按照一定的格式把经过采样和量化得到的离散数据记录下来，并在有用的数据中加入一些用于纠错、同步和控制的数据，图 5-20 所示是几种常见的信号编码方式。在数据回放时，可以根据所记录的纠错数据判别读出的声音数据是否有错，如果在一定范围内有错，则可以加以纠正得到正确的数据。

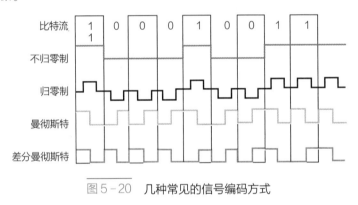

图 5-20　几种常见的信号编码方式

②语音信号预处理：音频存储到计算机之后要进行预处理，预处理包括预加重、分帧、加窗三种操作。

预加重是一种在发送端对输入信号高频分量进行补偿的信号处理方式。随着信号速率的增加，信号在传输过程中受损很大，为了在接收终端得到比较好的信号波形，就需要对受损的信号进行补偿，预加重技术的思想就是在传输线的始端增强信号的高频成分，以补偿高频分量在传输过程中的过大衰减。而预加重对噪声并没有影响，因此有效地提高了输出信噪比。一般采用一阶 FIR 高通数字滤波器实现预加重。

语音信号的处理一般首先采用的是傅里叶变化，将语音信号由时域转换到频域空间。傅里叶变化是针对周期函数的，而语音信号的频率是不断变化的，也就是"非周期性"的。如果直接将这样长的语音信号进行傅里叶变换，很难获得其信号频率的良好近似波形。那么如何采用傅里叶变化对语音信号进行处理呢？这时候就需要考虑到语音的特性了。语音在较短的时间内变化是平稳的，即具有"短时平稳性"，因此可以将长语音截断为短的片段，进行"短时分析"。可以认为这段短时语音是具有周期性的，可以对其进行周期延拓，这样就得到了一个周期函数，就可以进行傅里叶变换了。上面提到的每一个短的片段称为"一帧"，通常为 20~50ms，一般取 25ms，而将不定长的音频信号切分成固定长度的小段，则称为分帧。

分帧操作会导致无限长的信号被截断，导致截断效应，从而使其频谱发生畸变。原来集中在 $f(0)$ 处的能量被分散到两个较宽的频带中去了（这种现象称之为频谱能量泄漏），因此需要对帧加窗函数。不同的窗函数对信号频谱的影响是不一样的，这主要是因为不同的窗函数产生泄漏的大小不一样，频率分辨能力也不一样。信号的截断产生了能量泄漏，而用 FFT 算法计算频谱又产生了栅栏效应，从原理上讲，这两种误差都是不能消除的，但是可以通过选择不同的窗函数对它们的影响进行抑制。一般常用汉明窗，语音帧的截断效应及使用汉明窗的结果如图 5-21 所示。

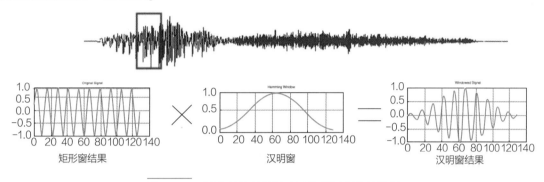

图 5-21　语音帧的截断效应及使用汉明窗的结果

③快速傅里叶变换、Mel 频谱和倒谱分析：语音的分析分为时域分析和频域分析两种，时域分析对语音信号的频率特性没有直观的了解，因此需要将语音信号从时域转换到频域，这时就要用到快速傅里叶变换 FFT，快速傅里叶变换可以将每个窗口内的数据从时域信号转为频域信号，如图 5-22 所示 a 到 b 的变换。得到的频谱图如图 5-23b 中锯齿线所示，体现

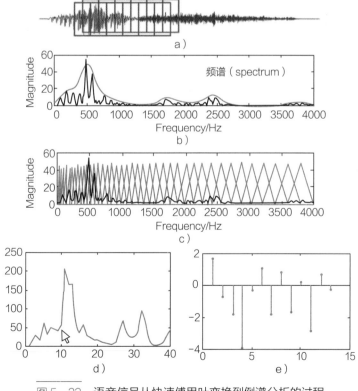

图 5-22　语音信号从快速傅里叶变换到倒谱分析的过程

的是声音的音高，这个用处不是很大；其中的重点是锯齿线外的包络线，体现的是音色，这个是分析的主要信息。包络信息的提取则要用到梅尔滤波器组，如图 5 - 23c 所示，其由 40 组三角带通滤波器组成，在低频部分比较密集，高频部分比较稀疏，这是模仿人类对不同频率语音具有不同的感知能力，即人对低频语音比较敏感。得到 MFCC 的中间值，如图 5 - 23d 所示，最后经过倒谱分析，即对数运算和再离散余弦变换（DCT）得到一个 13 维的 MFCC，如图 5 - 23e 所示。

2）声学模型和语言模型。从图 5 - 15 所示的原理框图可以看到解码器模块，所谓解码器即根据不同的可能性得到最有可能的文本序列，也就是识别结果。解码器由声学模型、词典、语言模型三个部分组成。声学模型的作用是给定语言学单元（如音素），计算输入语音匹配的可能性，即特征⇒音素。词典的作用是将声学模型分析出的语音单元转为单词，即音素⇒词。语言模型的作用是计算各种不同文本序列搭配的可能性，即词⇒句子。

举个例子，如图 5 - 23 所示，有一段语音信号，根据声学模型，可以分析出语音当中包含的音素有 ao、b、a、m、a 等，然后根据词典推导出以上音素可以组成哪些字，最后语言模型将词典得到的字进行组合，结合上下文给出最有可能的输出结果。

图 5 - 23　解码器工作的例子

解码器的三个组成部分中最重要的是声学模型和语言模型，接下来主要介绍 5 种声学模型和语言模型。

①GMM - HMM。在语音处理技术发展史中介绍了，1993～2009 年，声学模型和语言模型一直采用 GMM - HMM（高斯混合模型/隐马尔可夫模型），其流程图如图 5 - 24 所示。其流程可以概括为，语音信号帧 frame 提取特征（MFCC）；然后对每个帧的特征跑 GMM，得到每个帧属于每个状态的概率；最后根据每个单词的 HMM 状态转移概率计算每个状态序列生成该帧的概率，哪个词的 HMM 序列跑出来概率最大，就判断这段语音属于哪个词。简单来说就是 GMM 负责输出特征到音素的一个概率密度，HMM 则负责计算哪个识别结果概率最大，即是得到的结果。如图 5 - 25 是 GMM - HMM 模型的一个应用实例。

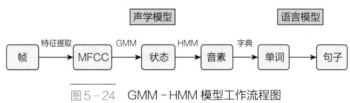

图 5 - 24　GMM - HMM 模型工作流程图

②DNN - HMM。2009 年，深度神经网络 DNN 兴起，有人尝试用 DNN 代替 MFCC 做特征提取，如图 5 - 26 所示。于是 DNN - HMM（深度神经网络 - 隐马尔科夫模型）诞生了，此模型是利用 DNN 强大的特征学习能力和 HMM 的序列化建模能力进行语音识别任务的处理，其性能远优于传统的 GMM - HMM 混合模型。

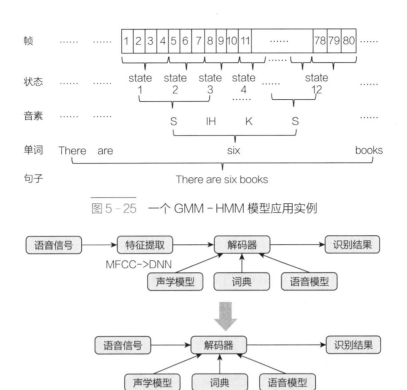

图 5-25　一个 GMM-HMM 模型应用实例

图 5-26　GMM-HMM→DNN-HMM

DNN-HMM 模型中，DNN 部分负责特征的学习，估计观察特征的概率，预测状态的后验概率；HMM 部分负责描述语音信号的序列变化，预测后面的序列。

DNN-HMM 模型中的输入不再是 MFCC，而是三角滤波器组的输出，即 40 维的 Filter Bank 特征。DNN 在大数据上有非常优异的表现，在 GMM 模型中，训练 2000 小时就会出现性能饱和，而在 DNN 模型中，训练超过 1 万小时还会有性能提升；并且 DNN 模型对环境噪声有更强的鲁棒性。DNN 是一个前馈神经网络，如图 5-27 所示，DNN 给出输入的一串特征所对应的状态概率。由于语音信号是连续的，不仅各个音素、音节以及词之间没有明显的边界，各个发音单位还会受到上下文的影响。虽然拼帧可以增加上下文信息，但对于语音来说还是不够。

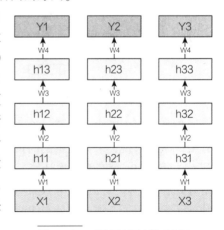

图 5-27　前馈神经网络 DNN

③RNN-HMM。拼帧虽然可以嗅探到部分上下文的内容，但是对于连续的语音信号的提取是远远不够的，因此人们引入了循环神经网络 RNN，因此模型就变成了 RNN-HMM（循环神经网络-隐马尔科夫模型），如图 5-28 所示。RNN 不仅可以保存上下文的状态，甚至能够在任意长的上下文窗口中存储、学习、表达相关信息。RNN 广泛应用在和序列有关的场景，如一帧帧图像组成的视频，一个个片段组成的音频，和一个个词汇组成的句子。

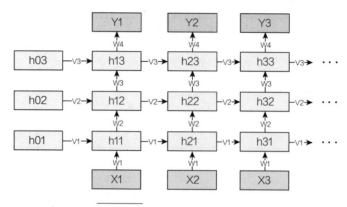

图 5-28　循环神经网络 RNN

在语音识别中，除了当前信息和过去的信息，后面的信息也很重要，甚至后面的信息有可能直接推翻前面的结果，所以希望计算内容不仅跟当前和过去相关，还要跟后面的内容相关。于是科学家就引入了双向循环神经网络（bidirectional RNN），如图 5-29 所示，增加反向序列，真正意义上实现了语音识别的上下文相关。

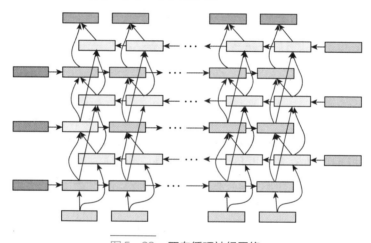

图 5-29　双向循环神经网络

但是问题也随之而来了，双向循环神经网络容易产生梯度消失与爆炸，导致 RNN 记忆力有限。举例来说，采集数据的时间间隔是 20ms，即一帧数据 20ms，那么 1 秒钟就有 50 次计算，一句话 10s 就有 500 次计算，一个矩阵连续乘以 500 次，会导致有些数据非常大，很容易导致梯度爆炸；抑或是导致某些数据非常小，很容易导致梯度消失，以至于比较远的时间帧就不起作用了，那么这就与 RNN 上下文关联的目的背道而驰了。

④LSTM。为了解决 RNN 容易出现梯度消失和梯度爆炸的问题，有人提出了 LSTM（Long Short-Term Memory）长短期记忆网络。LSTM 是一种时间递归神经网络，能在一定程度上缓解 RNN 的梯度消失和梯度爆炸问题，适合于处理和预测时间序列中间隔和延迟相对较长的重要事件。一个信息进入 LSTM 的网络当中，可以根据规则判断是否有用。只有符合算法认证的信息才会留下，不符的信息被遗忘。LSTM 是解决长序依赖问题的有效技术，且普适性非常高。各研究者也根据 LSTM 纷纷提出了自己的变量版本，这就让 LSTM 可以处理千变万化的垂直问题。

LSTM 已经在科技领域有了多种应用。基于 LSTM 的系统可以学习翻译语言、控制机器人、图像分析、文档摘要、语音识别、图像识别、手写识别、控制聊天机器人、预测疾病、预测点击率、股票以及合成音乐等。

⑤端到端模型。既然 LSTM 已经解决了上下文相关的问题，那么就不需要使用 HMM 了，因此科学家就提出了端到端（End to End）模型，可以将语音识别的过程大大简化，如图 5 – 30 所

图 5 – 30　端到端模型的处理流程

示。利用神经网络强大的建模能力简化结构，所有模块统一成神经网络模型，使语音识别朝着更简单、更高效、更准确的方向发展。例如对于中文，输出不再需要细分为状态、音素或者声韵母，而是直接将汉字作为输出即可；对于英文，考虑到英文单词的数量庞大，可以使用字母作为输出标签。输入使用更简单的特征比如 FFT 点，甚至语音采样点。

如图 5 – 31 所示，这两张图是 2020 年初学术界语音识别相关论文研究算法输入和输出模式的统计图。从图中能够看到输出模式中音素（phoneme）的占比已经高达 32%，排第二位；在输入模式中原来占据统治地位的 MFCC 现在虽然还排在第二位，但是其占比只有18%，相比于排在第一位的三角带通滤波输出（filter bank output）高达 75% 的占比不值一提。

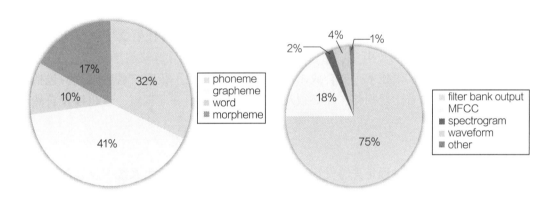

图 5 – 31　输出模式统计（左）和输入模式统计（右）

几种常见的端到端模型见表 5 – 1，其中 CTC 实时解码效果好；Transducer 从原理上最适合语音识别，但不能完全碾压其他模型；Attention 注意力在编码器采样率低时鲁棒性更好，当然也有把多种模型相结合的尝试。

表 5 – 1　几种常见的端到端模型

项目	CTC	Transducer	Attention
输出语言模型	无	有	有
对齐	单调	单调	不单调
	硬	硬	软
解码所需步数	输入长度	输入长度 + 输出长度	输出长度

3. 语音识别现状

目前，语音识别的模型更加简洁，同时也更容易训练和使用，并且在限定情况下语音识别的效果甚至可以超过人耳识别的效果。但是在恶劣条件下语音识别的效果不堪一击，比如在噪声比较大的情况下，麦克风里的比较远的远场情形，口音、方言以及专业术语等都可能造成语音识别的效果非常差。

4. 语音识别的未来

虽然语音识别目前仍然有一些缺陷，但这也是未来的发展方向。

1）有针对性地应对恶劣条件。对环境噪声可以有针对性地进行除噪和语音增强的处理；远场语音采集可以使用指向性的麦克风阵列，增强语音的采集能力。

2）收集大数据，让神经网络"长见识"。神经网络具有从大数据当中自己提取特征的能力，比如口音、方言，搜集越多的语料库，神经网络的识别能力也就越强。

3）相关领域的突破。以当前深度学习的技术来看，目前语音识别的准确率的极限在97%左右。突破的瓶颈在于计算机需要将人类的各种知识进行有效的特征提取和形式化的知识表达，即大规模知识图谱是目前突破的难点。

5.2.3 语音合成

语音合成，又称文语转换（Text – To – Speech）技术，就是将任意文字信息转化为相应语音朗读出来。语音合成涉及声学、语言学、数字信号处理、计算机科学等多个学科技术，是语音处理领域的一项前沿技术。要合成出高质量的语言，除了依赖于各种规则，包括语义学规则、词汇规则、语音学规则外，还必须对文字的内容有很好地理解，这也涉及自然语言理解的问题。

1. 语音合成系统

一个完整的语音合成过程是先将文字序列转换成音韵序列，再由系统根据音韵序列生成语音波形。其主要由文本分析、韵律处理、声学处理三个部分组成，系统框图如图5 – 32所示。

图5 – 32   语音合成系统框图

2. 文本分析

文本分析是对输入的文本进行分析，输出尽可能多的语言学信息（如拼音、节奏等），为后端的语言合成器提供必要的信息。文本分析实际上是一个人工智能系统，属于自然语言处理的范畴。文本分析流程如图5 – 33所示。

图5 – 33   文本分析的流程图

1）文本预处理：删除无效符号、断句等。

2）文本规范化：将文本中的特殊字符识别出来，并转化为一种规范化的表达。

3）自动分词：将待合成的整句以词为单位划为单元序列，以便后续考虑词性标注、韵律边界标注等。

4）词性标注：词性标注是为分词结果中的每个单词标注一个正确的词性的程序，也即确定每个词是名词、动词、形容词或其他词性的过程。在汉语中，词性标注比较简单，因为汉语词汇词性多变的情况比较少见，大多数词语只有一个词性，或者出现频次最高的词性远远高于第二位的词性。

5）字音转换：将待合成的文字序列转换为对应的拼音序列，即告诉后端合成器应该读什么音。由于汉语中存在多音字问题，所以字音转换的一个关键问题就是处理多音字的消歧问题。

3. 韵律处理

韵律处理是文本分析模块的目的所在，节奏、时长的预测都是基于文本分析的结果。韵律即是实际语言交流中的抑扬顿挫和轻重缓急。对韵律的研究涉及语音学、语言学、声学、心理学、物理学等多个领域。韵律处理作为语音合成系统中承上启下的模块，也是整个系统的核心部分，极大地影响最终合成的语音的自然度。

4. 声学处理

声学处理是根据前面的文本分析模块和韵律处理模块提供的信息来生成自然的语音波形。语音的合成方法有基于时域波形的拼接合成方法和基于语音参数的合成方法两种。基于时域波形的拼接合成方法是根据韵律处理模块提供的基频、时长、能量和节奏等信息，在大规模语料库中挑选最合适的语音单元，然后通过拼接算法生成自然语音波形。基于语音参数的合成方法是根据韵律和文本信息的指导来得到语音参数，然后通过语音参数合成器生成自然语音波形。

具体的语音合成方法常见的有基于拼接的语音合成、基于参数的语音合成和基于深度学习的语音合成三种方法。

1）基于拼接的语音合成方法。其基本原理是根据文本分析的结果，从预先录制并标注好的语音库中挑选合适基元（语音拼接时的基本单元，可以是音节或者音素等）进行适度调整，最终得到合成语音波形。

早期拼接语音合成：基元库小，加上拼接算法本身性能的一些限制，导致这些合成的语音不连续，自然度较低。

当代拼接语音合成：基于大数据语料库的基元拼接合成系统，语料库具有较高的上下文覆盖率，因此能够挑选出的基元几乎不需要经过任何调整就可以用于拼接合成。

拼接的语音合成的缺点是：①稳定性仍然不够，拼接点不连续的情况时有发生。②很难改变发音的特征，只能合成该基元库说话人的语音。

2）基于参数的语音合成方法。基于参数的语音合成方法是目前主流的语音合成方法，其基本原理是基于统计建模和机器学习的方法，根据一定的语音数据进行训练并快速构建合成系统。可以在不需要人工干预的情况下，自动快速地构建合成系统。对于不同的发音人、发音风格、语种等依赖性都很小。

3）基于深度学习的语音合成方法。深度学习的研究使深度神经网络也被引入统计参数语音合成方法中，用以代替基于隐马尔科夫参数合成系统中的隐马尔科夫模型。它可以直接通过一个深层神经网络预测声学参数，克服了隐马尔科夫模型训练中决策树聚类环节中规则离散的缺陷，进一步增强了合成语音的质量。

5.3   案例体验

5.3.1   案例1：语音信号预处理

扫码看视频

【目的】

基于Python3.6，框架HTKFeat和HTK进行简单的语音数据的预处理操作演练；经过实验之后，掌握对音频数据的处理操作。

【操作步骤】

1. 准备待处理音频文件和依赖包

在配套的资源素材包里找到语音处理素材下的语音信号预处理文件夹，文件夹中包含HTK. py、HTKFeat. py和test. wav等要用到的音频文件和依赖包，如图5－34所示。将音频文件和依赖包拷贝到桌面。

图5－34   音频文件和依赖包

2. 进入Jupyter Notebook开发软件

1）打开"Terminal 终端"命令窗口。在实验环境中，单击鼠标右键弹出如图5－35所示菜单，单击【Open Terminal Here】进入"Terminal 终端"命令窗口。

2）打开"jupyter notebook"。在如图5－36所示"Terminal 终端"命令窗口中输入"jupyter notebook"，按回车键，自动打开Firefox浏览器，进入"jupyter"（Jupyter Notebook）的"Home Page"界面。完成后即可进行下一步操作。

图5－35   进入终端

图5－36   进入Jupyter Notebook

3. 创建工程文件

1）创建新工程文件。在"jupyter"的"Home Page"界面，如图5－37所示，单击右上角的【新建】下拉菜单，选择【Python 3】，创建新工程文件"未命名. jpynb"，系统自动在

Firefox 浏览器新的标签中打开 Jupyter Notebook 的代码编辑界面。

图 5 - 37　创建新工程文件

2）修改文件名。在 Jupyter Notebook 的代码编辑界面中，单击左上角【文件】菜单，在下拉框中单击【重命名】，弹出"重命名"对话框，输入"AudioProcessing"作为工程文件的名称，如图 5 - 38 所示完成后即可进行下一步操作。

图 5 - 38　修改文件名（完整的工程文件名为"AudioProcessing. jpynb"）

4. 导入模块

拷贝以下代码并【运行】，如果没有报错说明模块导入成功。完成后即可进行下一步操作。

```
import warnings
warnings.filterwarnings('ignore')#忽略红色告警信息
import os
import sys
import numpy as np
import matplotlib.pyplot as plt
from HTKFeat import MFCC_HTK
from HTK import HCopy,HTKFile
```

5. 配置数据路径

配置待处理语音文件路径。拷贝以下代码并【运行】，完成后即可进行下一步操作。

```
data_path = os.path.join(os.getcwd(),'test.wav')
```

6. 加载数据并显示波形图像

拷贝以下代码并【运行】，加载语音数据并显示语音波形图。

```
mfcc = MFCC_HTK()
signal = mfcc.load_raw_signal(data_path)
signal = signal[100:]
sig_len = signal.size/16000 #in seconds
plt.figure(figsize=(15,4))
t = np.linspace(0,sig_len,signal.size)
plt.plot(t,signal)
plt.savefig("signal.png")
```

绘制结果如图 5-39 所示。

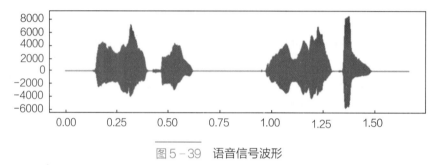

图 5-39   语音信号波形

7. 绘制语音信号时频图

拷贝以下代码并【运行】，绘制语音信号频谱图。

```
plt.figure(figsize=(15,4))
s = plt.specgram(signal,Fs=16000)
plt.xlim(0,sig_len)
plt.savefig("specgram.png")
```

绘制结果如图 5-40 所示。

Out[20]: (0,1,658875)

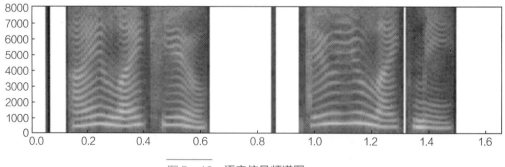

图 5-40   语音信号频谱图

8. 移除数据中心值（即均值）

拷贝以下代码并【运行】，实现语音信号中心值归零。

```
print( "Before: " +str(np.mean(signal)))
signal = signal - np.mean(signal)
print( "After: " +str(np.mean(signal)))
```

运行结果如图 5 - 41 所示。

```
Before: 0.43412656707454395
After: -2.4549222183486864e-14
```

图 5 - 41　移除数据中心值的运行结果

9. 分帧

拷贝以下代码并【运行】，实现将语音信号分帧。

```
win_shift =160 #帧移 10ms
win_len =400 #帧长 25ms
sig_len = len(signal)
win_num = np.floor((sig_len - win_len)/win_shift).astype('int') +1
print("win_num = " +str(win_num))
```

运行结果：

```
win_num = 165
```

说明：波形文件被分成 165 帧处理。

```
wins =[ ]
for w in range(win_num):
    #t 每个窗的开始和结束
    s = w * win_shift
    e = s + win_len
    win = signal[s:e].copy()
    wins.append(win)
    t = np.linspace(1,400,1)
wins = np.asarray(wins)
wins.shape
```

运行结果：

```
(165, 400)
```

说明：波形文件被分成 165 帧，每帧是 400 个点。

拷贝以下代码并【运行】，将连续三帧波形数据画出，观察帧移。

```
t = np.linspace(1,400,400)
t1 = np.linspace(168,564,400)
t2 = np.linspace(336,728,400)
plt.figure(figsize =(15,4))
plt.plot(t,wins[25])
plt.plot(t1,wins[26])
plt.plot(t2,wins[27])
plt.savefig("wins.png")
```

运行结果如图 5 - 42 所示。

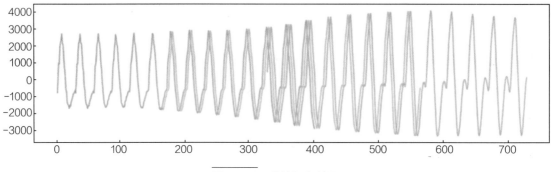

图 5-42   分帧运行结果

10. 预加重

拷贝以下代码并【运行】，显示高通滤波器，并对语音信号高频部分进行加重。

```
#演示数据
k = 0.97
h = [1, -k]
f = np.linspace(0, 8000, 257)
plt.plot(f, np.abs(np.fft.rfft(h, n = 512)))
plt.xlabel('Frequency')
plt.ylabel('Amplitude correction')
plt.savefig("preemphasis.png")
#实际数据
for win in wins:
    win - = np.hstack((win[0], win[:-1])) * k
```

运行结果如图 5-43 所示。

11. 加窗

拷贝以下代码并【运行】，显示矩形窗和汉明窗，并对分帧后的语音信号进行加窗处理。

```
#演示数据
rect = np.ones(400)
plt.figure(figsize = (12, 4))
plt.subplot(2, 1, 1)
plt.stem(rect)
plt.xlim(-100, 500)
plt.ylim(-0.1, 1.1)
plt.title('Square window')
plt.savefig("Square.png")
hamm = np.hamming(400)
plt.figure(figsize = (12, 4))
plt.subplot(2, 1, 2)
```

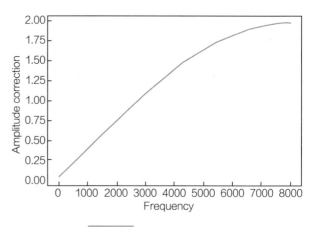

图 5-43   预加重运行结果

```
plt.stem(hamm)
plt.xlim( -100,500)
plt.ylim( -0.1,1.1)
plt.title('Hamming function')
plt.savefig( "Hamming.png")
#实际数据
for win in wins:
    win * = hamm
```

运行结果如图 5 - 44 所示。

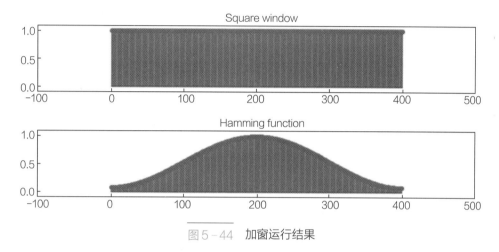

图 5 - 44 加窗运行结果

12. 快速傅里叶变换

拷贝以下代码并【运行】，显示快速傅里叶变换结果。

```
fft_len = (2 * *(np.floor(np.log2(win_len)) +1)).astype('int')
ffts =[]
for win in wins:
    win = np.abs(np.fft.rfft(win,n = fft_len)[: -1])
    ffts.append(win)
ffts = np.asarray(ffts)
plt.figure(figsize = (10,5))
plt.pcolormesh(ffts.T)
plt.xlim(0,win_num)
plt.ylim(0,fft_len /2)
plt.savefig( "fft.png")
```

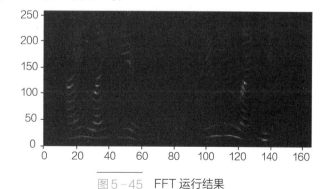

运行结果如图 5 - 45 所示。

图 5 - 45 FFT 运行结果

13. 三角带通滤波器

1）显示三角带通滤波器。拷贝以下代码并【运行】，显示三角带通滤波器。

```
f = np.linspace(0,8000,1000)
mfcc.create_filter(26)
plt.figure(figsize = (15,3))
```

```
for f in mfcc.filter_mat.T:
    plt.plot(f)
plt.xlim(0,256)
plt.savefig("filter.png")
```

运行结果如图 5-46 所示。

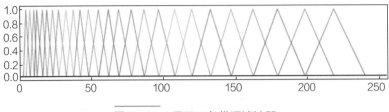

图5-46   显示三角带通滤波器

2）显示三角带通滤波器结果。拷贝以下代码并【运行】，显示快速傅里叶变换的结果与滤波器乘积。

```
melspec =[]
for f in ffts:
    m = np.dot(f,mfcc.filter_mat)
    melspec.append(m)
melspec =np.asarray(melspec)
plt.figure(figsize =(15,5))
plt.pcolormesh(melspec.T,cmap ='gray')
plt.xlim(0,win_num)
plt.ylim(0,26)
plt.savefig("melspec.png")
```

运行结果如图 5-47 所示。

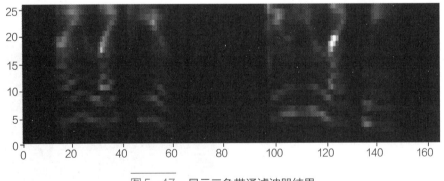

图5-47   显示三角带通滤波器结果

5.3.2   案例2：语音识别

【目的】

基于 Python3.6 和 SpeechRecognition 库进行语音识别操作；经过实验之后，掌握利用 Python 依赖包进行语音识别的操作。

【操作步骤】

1. 准备待处理语音文件和依赖包

在配套的资源素材包里找到语音处理素材下的语音识别文件夹，文件夹中包含 SpeechRecognition-3. 8. 1-py2. py3-none-any. whl、test. wav 和 yes. wav 等要用到的音频文件和依赖包，如图 5-48 所示。将音频文件和依赖包拷贝到桌面。

2. 安装依赖库

1）打开"Terminal 终端"命令窗口。在实验环境中，单击鼠标右键弹出如图 5-49 所示菜单，单击【Open Terminal Here】进入"Terminal 终端"命令窗口。

图 5-48　音频文件和依赖包

图 5-49　进入终端

2）安装 SpeechRecognition 库。在如图 5-50 所示"Terminal 终端"命令窗口中，输入"pip install SpeechRecognition-3. 8. 1-py2. py3-none-any. whl"，按回车键，安装 SpeechRecognition 库。

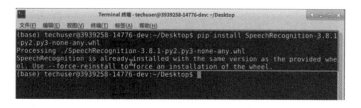

图 5-50　安装 SpeechRecognition 库

3）安装编译库。在如图 5-51 所示"Terminal 终端"命令窗口中，输入"sudo apt-get install -qq python python-dev python-pip build-essential swig git libpulse-dev libasound2-dev"，按回车键，安装需要的编译库。

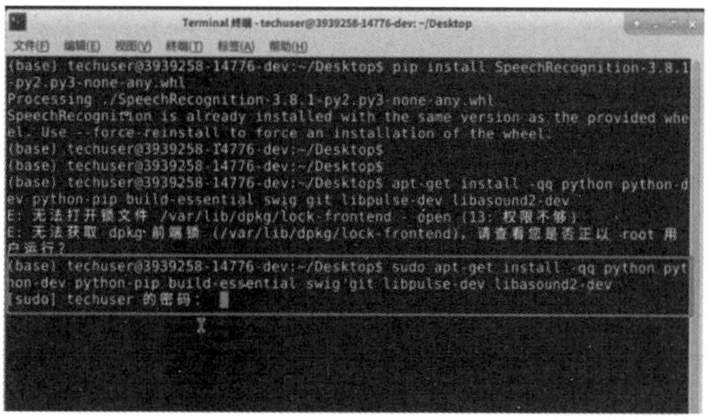

图 5-51　安装编译库

如图 5 - 52 所示，这里提示要输入用户密码，打开语音处理素材文件夹下的"password. txt"文件，复制密码，拷贝到终端界面，然后按回车键运行。

图 5 - 52　输入用户密码操作方法

4）安装 pocketsphinx 库。在如图 5 - 53 所示"Terminal 终端"命令窗口中，输入"pip install pocketsphinx -i https：//pypi. tuna. tsinghua. edu. cn/simple"，按回车键，安装 pocketsphinx 库。

```
(base) techuser@3939258-14776-dev:~/Desktop$ pip install pocketsphinx -i https:/
/pypi.tuna.tsinghua.edu.cn/simple
Looking in indexes: https://pypi.tuna.tsinghua.edu.cn/simple
Requirement already satisfied: pocketsphinx in /home/techuser/anaconda3/lib/pyth
on3.7/site-packages (0.1.15)
(base) techuser@3939258-14776-dev:~/Desktop$
```

图 5 - 53　安装 pocketsphinx 库

3. 进入 Jupyter Notebook 开发软件

如图 5 - 54 所示，在"Terminal 终端"命令窗口中，输入"jupyter notebook"，按回车键，自动打开 Firefox 浏览器，进入"jupyter"（Jupyter Notebook）的"Home Page"界面。完成后即可进行下一步操作。

图 5 - 54　进入 Jupyter Notebook 开发软件

4. 创建工程文件

1）创建新工程文件。在"jupyter"的"Home Page"界面，如图 5 - 55 所示，单击右上角的【新建】下拉菜单，选择【Python 3】，创建新工程文件"未命名 . jpynb"，系统自动在 Firefox 浏览器新的标签中打开 Jupyter Notebook 的代码编辑界面。

2）修改文件名。在 Jupyter Notebook 的代码编辑界面中，单击左上角【文件】菜单，在下拉框中单击【重命名】，弹出"重命名"对话框，输入"ASRProcess"，作为工程文件的名称，如图 5 - 56 所示。完成后即可进行下一步操作。

图 5-55　创建新工程文件

图 5-56　修改文件名 （完整的工程文件名为 "ASRProcess. jpynb"）

5.导入模块

拷贝以下代码并【运行】，如果没有报错说明模块导入成功。完成后即可进行下一步操作。

```
import speech_recognition as sr
```

6.调用识别器

拷贝以下代码并【运行】，调用语音识别器。完成后即可进行下一步操作。

```
r = sr.Recognizer()     #调用识别器
with open('Recognizer.txt','w') as f:
    f.write('load Recognizer')
```

7.导入语音文件

拷贝以下代码并【运行】，导入语音文件。

```
test = sr.AudioFile("test.wav")    #导入语音文件
with open('File.txt','w') as f:
    f.write('load file')
```

8. 识别输出

拷贝以下代码并【运行】，输出识别结果。

```
with test as source：
    audio = r.record(source)
type(audio)
c = r.recognize_sphinx(audio)        #识别输出
print(c)
with open('result.txt', 'w') as f:
    f.write('the result is:'+ c)
```

识别结果如图 5-57 所示。

图5-57　识别输出结果

习　　题

一、选择题

1. （多选）下面属于语音交互系统中的模块有：（　　　）

　　A. 语音识别　　　　B. 语音合成　　　　C. 语音理解　　　　D. 语言生成

2. 2000 年左右，语音识别领域处于统治地位的模型是：（　　　）

　　A. DNN – HMM　　　B. GMM – HMM　　　C. RNN – T　　　　D. Neural Transducer

3. （多选）下面应用智能语音处理的领域有：（　　　）

　　A. 手机助理　　　　B. 智能家居　　　　C. 文字识别　　　　D. 智能车载助手

4. （多选）下列属于 MFCC 提取过程的有：（　　　）

　　A. 快速傅里叶变换　　　　　　　B. 语音信号预处理

　　C. 韵律分析　　　　　　　　　　D. 离散余弦变换（DCT）

5. 语音识别系统基本框架中声学模型的作用是：（　　　）

　　A. 给定语言学单元，计算输入语音匹配的可能性

　　B. 语音单元转为单词

　　C. 计算各种不同文本序列搭配的可能性

　　D. 根据不同的可能性来得到最有可能的文本序列

6. 语音识别系统基本框架中语言模型的作用是：（　　　）

　　A. 给定语言学单元，计算输入语音匹配的可能性

　　B. 语音单元转为单词

　　C. 计算各种不同文本序列搭配的可能性

　　D. 根据不同的可能性来得到最有可能的文本序列

7.（多选）下列属于语音识别端到端模型的有：（　　　）

　　A．GMM – HMM　　B．Transducer　　C．RNN – HMM　　D．Attention

8. 快速傅里叶变换 FFT 的作用是：（　　　）

　　A．提高信号高频部分的能量　　　　B．减少语音帧的截断效应

　　C．将时域信号转为频域信号　　　　D．计算各种不同文本序列搭配的可能性

9. 语音信号预处理中预加重的目的是：（　　　）

　　A．语音的高频部分进行加重　　　　B．语音信号短时平稳性分析

　　C．根据人耳敏感度进行滤波　　　　D．截断语音帧

10. LSTM 模型进行语音识别的优点有：（　　　）

　　A．长短时记忆能力　　　　　　　　B．缓解 RNN 的梯度消散和梯度爆炸问题

　　C．适合嵌入式设备　　　　　　　　D．所有模块统一成神经网络模型

二、思考题

1. 简述语音处理技术有哪些场景的应用？

2. 简述语音识别系统基本架构以及各个模块的作用。

3. 简述语音信号预处理的过程，以及各个步骤的作用。

第6章
自然语言处理

技能目标

会进行自然语言处理的分词和关键词提取。掌握 jieba 中文分词在不同模式下的调用方法。

知识目标

了解自然语言处理的基本概念。掌握自然语言处理的基本方法及研究方向。理解自然语言处理的三个层面：词法分析、句法分析、语义分析。了解分词、词性标注、命名实体识别的概念及基本方法。了解关键词提取的概念，掌握 TF - IDF 关键词提取算法。了解句法分析和语义分析的意义及分析过程。了解 jieba 中文分词工具的使用模式和场景。

素质目标

培养严谨、求实、准确的科学态度，了解自然语言处理相关岗位需求；提升人文素养和创新意识，加强就业能力和可持续发展的能力。

6.1 自然语言处理概述

6.1.1 应用场景

扫码看视频　　　　扫码看视频　　　　扫码看视频

1. 文本分类

文本分类（Text Categorization）是在预定义的分类体系下，根据文本的特征，将给定文本与一个或多个类别相关联的过程。

例如：

- 新闻文本分类如图 6-1 所示，给定文本类别 {法治、文娱、科技…}，根据文本的特征，将文本与类别相关联的过程。

- 文本情感分析是对具有主观意识特性的文本中所蕴含的意见、倾向的提取，是自然语言处理领域中一个重要的研究方向，被广泛地应用于各个行业。其中二元情感分析是给定类别 {positive、negative}，比如句子"我爱自然语言处理。"根据文本特征可知文本情感倾向于 positive。

- 垃圾邮件检测：类别 {spam、not-spam}。
- 词性标注：类别 {名词、动词、形容词…}。

图 6-1　新闻文本分类

2. 文本聚类

文本聚类（Text Clustering）是一个无监督的学习过程，它是依据同类的文档相似度较大，而不同类的文档相似度较小的聚类假设，在无监督（unsupervised）条件下的聚簇过程。

利用聚类方法可以把大量的文档划分成用户可迅速理解的簇（cluster），从而使用户可以更快地把握大量文档中所包含的内容，加快分析速度并辅助决策。

大规模文档聚类是解决海量文本中数据理解和信息挖掘的有效手段之一。

3. 机器翻译

机器翻译（Machine Translation）使用计算机实现不同语言之间的翻译。自第一台计算机诞生就有相关的研究与探索，从基于记忆的、基于实例的、统计机器翻译发展到神经网络翻译。

机器翻译是计算语言学的一个分支，是人工智能的终极目标之一，具有重要的科学研究价值。

同时，机器翻译又具有重要的实用价值。随着经济全球化及互联网的飞速发展，机器翻译技术在促进政治、经济、文化交流等方面起到越来越重要的作用。

4. 问答系统

问答系统（Question Answering System）是信息检索系统的一种高级形式，它能用准确、简洁的自然语言回答用户用自然语言提出的问题。其研究兴起的主要原因是人们对快速、准确地获取信息的需求。问答系统是人工智能和自然语言处理领域中一个倍受关注并具有广泛发展前景的研究方向。

5. 自动文摘

在复杂多样的各类信息数据组成形式中，文本数量呈指数级快速增长。从铺天盖地的文本数据中快速提取出需要的关键信息已经成为文本信息处理的一个发展趋势。然而如今网络上信息繁多且冗余过多，使该工作极其烦琐、耗时。提取文本中心内容、概括大意，能够大大提高检索和阅读理解文献的效率。

抽取式文摘和生成式文摘是目前两种主要文摘方法。抽取式文摘来自原文本的句子，而生成式文摘是在理解原文的基础上使用自动生成语言的技术完成文摘。然而由于生成式对自然语言处理技术要求非常高，对其研究还处于初步阶段，目前大多数产品采用抽取式来进行自动文摘（Automatic Summarization）。

6. 信息抽取

信息抽取（Information Extraction）是从非结构化或半结构化的文本中对用户指定类型的实体、关系以及事件进行自动标识和分类，输出为结构化的信息。由于其广泛应用，近年来，信息抽取成为自然语言处理（Natural Language Processing）领域研究的热门课题。信息抽取主要包括命名实体识别（named entity recognition）、关系抽取（relation extraction）和事件抽取（event extraction）三个子任务，信息抽取的关键是命名实体的识别。

7. 舆情分析

舆情分析（Public Opinion Analysis）就是根据特定问题的需要，对针对这个问题的舆情进行深层次的思维加工和分析研究，得到相关结论的过程。利用舆情分析技术可以帮助用户实时分析和监控互联网新闻热点，掌控新闻热度和传播走势，及时发现舆情风险并制定相应策略。

8. 机器写作

机器写作又称自然语言生成，是自然语言处理领域的重要分支，指的是综合运用大数据分析、内容理解和自然语言生成等，实现机器智能生成文本内容的技术。基本创作流程主要分为数据采集、数据分析、自动写稿、审核签发等。近年来，人工智能机器写作机器人已经被广泛地应用于新闻写作内容生产。

6.1.2　什么是自然语言处理

1. 自然语言

自然语言（Natural Language）通常是指一种自然地随文化演化的语言。例如，汉语、英语、日语都是自然语言的例子，这种用法可见于自然语言处理一词中。自然语言是人类交流和思维的主要工具，是人类智慧的结晶。不过，有时所有人类使用的语言（包括上述自然地随文化演化的语言）都会被视为"自然"语言，以相对于如编程语言等为计算机而设的"人造"语言。

2. 自然语言处理

自然语言处理（Natural Language Processing，NLP）是计算机科学领域与人工智能领域中的一个重要方向。自然语言处理是以自然语言为对象，利用计算机技术分析、理解和处理自然语言的一门学科，即把计算机作为语言研究的强大工具，在计算机的支持下对语言信息进行定量化的研究，并提供可供人与计算机之间能共同使用的语言描写。自然语言处理包括自然语言理解（Natural Language Understanding，NLU）和自然语言生成（Natural Language Generation，NLG）两部分，它是典型边缘交叉学科，涉及语言科学、计算机科学、数学、认知学、逻辑学等，关注计算机和人类（自然）语言之间的相互作用的领域。人们把用计算机处理自然语言的过程在不同时期或侧重点不同时又称为自然语言理解（Natural Language Understanding，NLU）、人类语言技术（Human Language Technology，HLT）、计算语言学（Computational Linguistics）、计量语言学（Quantitative Linguistics）、数理语言学（Mathematical Linguistics）。

最早的自然语言理解方面的研究工作是机器翻译。1949 年，美国人威弗首先提出了机器翻译设计方案。其发展主要分为三个阶段。

1）第一阶段（20 世纪 60—80 年代）：基于规则的自然语言处理。基于规则建立词汇、句法语义分析、问答、聊天和机器翻译系统。好处是规则可以利用人类的内省知识，不依赖数据，可以快速起步；问题是覆盖面不足，像个玩具系统，规则管理和可扩展一直没有解决。

2）第二阶段（20 世纪 90 年代开始）：基于统计的自然语言处理。基于统计的机器学习（ML）开始流行，很多 NLP 开始用基于统计的方法来做。主要思路是利用带标注的数据，基于人工定义的特征建立机器学习系统，并利用数据经过学习确定机器学习系统的参数。运行时利用这些学习得到的参数，对输入数据进行解码，得到输出。机器翻译、搜索引擎都是利用统计方法获得了成功。

3）第三阶段（2008 年之后）：基于神经网络的自然语言处理。深度学习开始在语音和图像方面发挥威力。随之，NLP 研究者开始把目光转向深度学习。先是把深度学习用于特征计算或者建立一个新的特征，然后在原有的统计学习框架下体验效果。比如，搜索引擎加入了深度学习的检索词和文档的相似度计算，以提升搜索的相关度。自 2014 年以来，人们尝试直接通过深度学习建模，进行端对端的训练。目前已在机器翻译、问答、阅读理解等领域取得了进展，出现了深度学习的热潮。

随着计算机和互联网的广泛应用，计算机可处理的自然语言文本数量空前增长，面向海量信息的文本挖掘、信息提取、跨语言信息处理、人机交互等应用需求急速增长，自然语言处理研究必将对人类的生活产生深远影响。

3. 自然语言处理常用的工具和平台

自然语言处理是人工智能中最困难的问题之一，而对自然语言处理的研究也是充满魅力和挑战的。随着计算机和互联网的广泛应用，也随之衍生出了一系列的产品。相对而言，截止到 2012 年，国外在该领域的研究投入和成果都领先于国内，尤其汉语天然就相对于其他语种更复杂，更难以分析。自然语言处理常用的工具和平台见表 6-1（以下排名不分先后）。

表 6-1　自然语言处理常用的工具和平台

名称	包含模块和下载地址	开发语言
THULAC	一个高效的中文词法分析工具包	C++/Java/Python/so
NLTK	自然语言处理工具包	Python
Jieba 分词	中文分词、句法分析等	Python
哈工大 LTP	中文分词、词性标注、未登录词识别、句法分析、予以角色标注	C++
Stanford CoreNLP	中文分词、词性标注、未登录词识别、句法分析等	Java
FudanNLP	中文分词、句法分析等	Java
HanLP	中文分词、句法分析等各类算法	Java
ICTCLAS 分词系统	具有里程碑意义的中文分词系统	C++
Ansj 中文分词系统	中等规模的中文词系统	Java

（1）THULAC

THULAC（THU Lexical Analyzer for Chinese）是由清华大学自然语言处理与社会人文计算实验室研制推出的一套中文词法分析工具包，具有中文分词和词性标注功能。THULAC 具有如下几个特点。

1）能力强。利用集成的目前世界上规模最大的人工分词和词性标注中文语料库（约含5800万字）训练而成，模型标注能力强大。

2）准确率高。该工具包在标准数据集 Chinese Treebank（CTB5）上分词的 F1 值可达97.3%，词性标注的 F1 值可达到92.9%，与该数据集上最好方法效果相当。

3）速度较快。同时进行分词和词性标注速度为300kB/s，每秒可处理约15万字。只进行分词速度可达到1.3MB/s。

THULAC 有多种语言编写的版本，如 so 版本、Python 版本、Java 版本和 C++版本。

如果使用的是 Python 版本，那么可以使用 PIP 安装 THULAC。

```
>pip install thulac
```

要检查 THULAC 是否正确地安装完成，可以打开 Python 终端并输入以下内容。

```
>>>import thulac
```

如果一切顺利，就意味着已经成功安装了 THULAC 库。

例如，可以使用 THULAC 库对文本进行分词或者只进行分词，不进行词性标注。

```
# 代码示例
>>>import thulac
>>>thu1 = thulac.thulac()   #默认模式
>>>text = thu1.cut("我爱北京天安门", text = True)   #进行一句话分词
>>>thu1 = thulac.thulac(seg_only = True)   #只进行分词,不进行词性标注
>>>thu1.cut_f("input.txt", "output.txt")   #对 input.txt 文件内容进行分词,输出到
output.txt
```

（2）NLTK

NLTK，全称 Natural Language Toolkit，自然语言处理工具包，是 NLP 研究领域常用的一个 Python 库，由宾夕法尼亚大学的 Steven Bird 和 Edward Loper 在 Python 的基础上开发的一个模块，至今已有超过十万行的代码。它为50多个语料库和词汇资源（如 WordNet）提供了易于使用的接口，以及一套用于分类、标记化、词干分解、标记、解析和语义推理的文本处理库。NLTK 可用于 Windows、Mac OS X 和 Linux。最重要的是，NLTK 是一个免费的、开源的、社区驱动的项目。

基于 Windows、Linux 或 Mac，可以使用 PIP 安装 NLTK。

```
>pip install nltk
```

要检查 NLTK 是否正确地安装完成，可以打开 Python 终端并输入以下内容。

```
>>>import nltk
```

如果一切顺利，就意味着已经成功安装了 NLTK 库。

例如，可以使用 NLTK 库下的 word_tokenize( )方法对文本进行分词，或者使用 pos_tag( )方法对词进行词性标记。

```
# 代码示例
```

```
>>>import nltk
>>>sentence = """At eight o'clock on Thursday morning Arthur didn't feel very
good."""
>>>tokens = nltk.word_tokenize(sentence)
>>>tagged = nltk.pos_tag(tokens)
```

（3）Jieba

Jieba："结巴"中文分词，做得最好的 Python 中文分词组件之一。Jieba 具有如下几个特点。

1）支持四种分词模式。①精确模式，试图将句子最精确地切开，适合文本分析。②全模式，把句子中所有的可以成词的词语都扫描出来，速度非常快，但是不能解决歧义。③搜索引擎模式，在精确模式的基础上，对长词再次切分，提高召回率，适用于搜索引擎分词。④paddle 模式，利用 PaddlePaddle 深度学习框架，训练序列标注（双向 GRU）网络模型实现分词，同时支持词性标注。paddle 模式的使用需安装 paddlepaddle – tiny。

```
pip install paddlepaddle – tiny = =1.6.1
```

目前 paddle 模式支持 jieba v0.40 及以上版本。jieba v0.40 以下版本需升级 jieba。

```
pip install jieba – upgrade
```

2）支持繁体分词。

3）支持自定义词典。

4）MIT 授权协议。

可以使用 PIP 安装 Jieba。

```
>pip install jieba
```

要检查 Jieba 是否正确地安装完成，可以打开 Python 终端并输入以下内容。

```
>>>import jieba
```

如果一切顺利，就意味着已经成功安装了 Jieba 库。

例如，可以使用 Jieba 库对文本进行分词。

jieba.cut()方法接受四个输入参数：需要分词的字符串；cut_all 参数用来控制是否采用全模式；HMM 参数用来控制是否使用 HMM 模型；use_paddle 参数用来控制是否使用 paddle 模式下的分词模式。paddle 模式采用延迟加载方式，通过enable_paddle接口安装 paddlepaddle – tiny，并且 import 相关代码。

jieba.cut_for_search()方法接受两个参数：需要分词的字符串；是否使用 HMM 模型。该方法适用于搜索引擎构建倒排索引的分词，粒度比较细。

待分词的字符串：可以是 unicode 或 UTF – 8 字符串、GBK 字符串。注意：不建议直接输入 GBK 字符串，因为 GBK 字符串可能无法预料地错误解码成 UTF – 8。

jieba.cut 以及 jieba.cut_for_search 返回的结构都是一个可迭代的 generator，可以使用 for 循环获得分词后得到的每一个词语（unicode），或者用 jieba.lcut 以及 jieba.lcut_for_search 直接返回 list。

jieba.Tokenizer（dictionary = DEFAULT_DICT）新建自定义分词器，可用于同时使用不同

词典。jieba. dt 为默认分词器，所有全局分词相关函数都是该分词器的映射。

```
# 代码示例
# encoding = utf - 8
import jieba
jieba.enable_paddle() # 启动 paddle 模式。0.40 版之后开始支持,早期版本不支持
strs = ["我来到北京清华大学","乒乓球拍卖完了","中国科学技术大学"]
for str in strs:
    seg_list = jieba.cut(str,use_paddle = True) # 使用 paddle 模式
    print("Paddle Mode: " + '/'.join(list(seg_list)))
seg_list = jieba.cut("我来到北京清华大学", cut_all = True)
print("Full Mode: " + "/".join(seg_list))   # 全模式
seg_list = jieba.cut("我来到北京清华大学", cut_all = False)
print("Default Mode: " + "/".join(seg_list))   # 精确模式
seg_list = jieba.cut("他来到了网易杭研大厦")   # 默认是精确模式
print(", ".join(seg_list))
seg_list = jieba.lcut_for_search("中华人民共和国是伟大的")   # 搜索引擎模式
print(seg_list)
# 输出样例
# 【全模式】:我/来到/北京/清华/清华大学/华大/大学
# 【精确模式】:我/来到/北京/清华大学
# 【新词识别】:他, 来到, 了, 网易, 杭研, 大厦
# 【搜索引擎模式】:['中华', '华人', '人民', '共和', '共和国', '中华人民共和国', '是', '伟大', '的']
```

(4) LTP

LTP 提供了一系列中文自然语言处理工具,用户可以使用这些工具对中文文本进行分词、词性标注、句法分析等工作。从应用角度来看,LTP 为用户提供了下列组件:

1) 针对单一自然语言处理任务,生成统计机器学习模型的工具;

2) 针对单一自然语言处理任务,调用模型进行分析的编程接口;

3) 使用流水线方式将各个分析工具结合起来,形成一套统一的中文自然语言处理系统;

4) 系统可调用的,用于中文语言处理的模型文件;

5) 针对单一自然语言处理任务,基于云端的编程接口。

安装 LTP 是非常简单的,使用 pip 安装只需要输入代码:

```
pip install ltp
```

例如,使用 LTP 分句只需要调用 ltp. sent_split 函数,或者使用 LTP 分词、词性标注。另外,用户自定义词典、命名实体识别、语义角色标注、依存句法分析 (树/图) 等示例快速上手可以参考相关文档。

```
# 代码示例
from ltp import LTP
ltp = LTP() # 默认加载 Small 模型
sents = ltp.sent_split(["他叫汤姆去拿外衣。", "汤姆生病了。他去了医院。"])   # 分句
# 输出样例
```

```
# [
#    "他叫汤姆去拿外衣。",
#    "汤姆生病了。",
#    "他去了医院。"
# ]
seg, hidden = ltp.seg(["他叫汤姆去拿外衣。"])  # 分词
pos = ltp.pos(hidden)  # 标注词性
# [['他', '叫', '汤姆', '去', '拿', '外衣', '。']]
# [['r', 'v', 'nh', 'v', 'v', 'n', 'wp']]
```

（5）Stanford CoreNLP

Stanford CoreNLP 提供了一系列用于自然语言的技术工具。它可以给出不管是公司名还是人名抑或标准化日期、时间和数量等单词的基本形式、词性等，它还可以根据短语和句法依存关系标记句子结构，指明哪些名词短语表示相同的实体，指明情感，提取实体及之间的特定或开放类关系，获取名人名言等。

Stanford CoreNLP 适用于以下情形：

1）一个具有广泛语法分析工具集成的 NLP 工具包；

2）一种广泛应用于生产中的快速、健壮的任意文本注释器；

3）一个现代化的具有全面高质量的文本分析功能的、定期更新的软件包；

4）支持多种人类自然语言（eg 英语、中文）；

5）支持大多数编程语言的可扩展 API；

6）能够作为简单的 Web 服务运行。

Stanford CoreNLP 是一个集成的框架。它的目标是使应用一大堆语言分析工具分析大量的文本变得简单。Pipeline 工具可以仅仅通过两行命令执行大量的文本分析工作。框架设计的初衷是高度灵活的可扩展的，可以通过一个选项设置启用和禁用哪些工具。Stanford CoreNLP 集成了许多斯坦福的 NLP 工具，包括词性（POS）标记器、命名实体识别器（NER）、解析器、共指解析系统、情感分析、自举模式学习和开放信息提取工具。此外，注释器管道可以包括额外的定制或第三方注释器。CoreNLP 的分析为更高级别和特定领域的文本理解应用程序提供了基础构件。

stanfordcorenlp 是一个对 Stanford CoreNLP 进行了封装的 Python 工具包，可以使用 pip 安装 stanfordcorenlp。

（6）FudanNLP

FudanNLP 主要是为中文自然语言处理而开发的工具包，也包含为实现这些任务的机器学习算法和数据集。2018 年 12 月 16 日，FudanNLP 的后续版本，一个全新的自然语言处理工具 FastNLP 发布了。FudanNLP 不再更新。

FudanNLP 的具体功能包括以下几方面。

1）信息检索：文本分类、新闻聚类；

2）中文处理：中文分词、词性标注、命名实体识别、关键词抽取、依存句法分析、时间短语识别；

3）结构化学习：在线学习、层次分类、聚类。

相关入门教程可以参考相关文档。

（7）HanLP

HanLP 借助世界上最大的多语种语料库，支持包括简繁中、英、日、俄、法、德在内的 104 种语言的 10 种联合任务：分词（粗分、细分 2 个标准，强制、合并、校正 3 种词典模式）、词性标注（PKU、863、CTB、UD 四套词性规范）、命名实体识别（PKU、MSRA、OntoNotes 三套规范）、依存句法分析（SD、UD 规范）、成分句法分析、语义依存分析（SemEval16、DM、PAS、PSD 四套规范）、语义角色标注、词干提取、词法语法特征提取、抽象意义表示（AMR）。

HanLP 已经被广泛用于 Lucene、Solr、ElasticSearch、Hadoop、Android、Resin 等平台，有大量开源作者开发各种插件与拓展，并且被包装或移植到 Python、C#、R、JavaScript 等语言上。

Python 调用自然语言处理包 HanLP 的接口是 pyhanlp，可以使用 pip install pyhanlp 安装 pyhanlp。调用方法参考相关文档。

例如，在 python 中可以运行以下代码使用 pyhanlp 进行中文分析。

```
# 代码示例
from pyhanlp import *
# 中文分词
print(HanLP.segment(你好,欢迎在 Python 中调用 HanLP 的 API'))
for term in HanLP.segment('下雨天地面积水'):
print('{}\t{}'.format(term.word, term.nature)) # 获取单词与词性
#输出样例
# 下雨天　　n
# 地面　　　n
# 积水　　　n
testCases = [
    "商品和服务",
    "结婚的和尚未结婚的确实在干扰分词啊",
    "买水果然后来世博园最后去世博会",
    "中国的首都是北京",
    "欢迎新老师生前来就餐",
    "工信处女干事每月经过下属科室都要亲口交代 24 口交换机等技术性器件的安装工作",
    "随着页游兴起到现在的页游繁盛,依赖于存档进行逻辑判断的设计减少了,但这块也不能完全忽略掉。"]
for sentence in testCases: print(HanLP.segment(sentence))
# 关键词提取
document = "水利部水资源司司长陈明忠 9 月 29 日在国务院新闻办举行的新闻发布会上透露," \
        "根据刚刚完成了水资源管理制度的考核,有部分省接近了红线的指标," \
        "有部分省超过红线的指标。对一些超过红线的地方,陈明忠表示,对一些取用水项目进行区域的限批," \
        "严格地进行水资源论证和取水许可的批准。"
print(HanLP.extractKeyword(document, 2))
```

```
# 自动摘要
print(HanLP.extractSummary(document,3))
# 依存句法分析
print(HanLP.parseDependency("徐先生还具体帮助他确定了把画雄鹰、松鼠和麻雀作为主攻目标。"))
```

（8）ICTCLAS 分词系统

ICTCLAS 分词系统全球用户突破 30 万，包括中国移动、华为等企业，以及清华大学、新疆大学等教学机构。同时，ICTCLAS 广泛地被《科学时报》《人民日报》海外版、《科技日报》等多家媒体报道。ICTCLAS 分词系统主要功能包括中文分词、英文分词、词性标注、命名实体识别、新词识别、关键词提取，支持用户专业词典与微博分析。

ICTCLAS 分词系统在线演示如图 6-2 所示，对于未登录词，可以使用"用户自定义词语"。

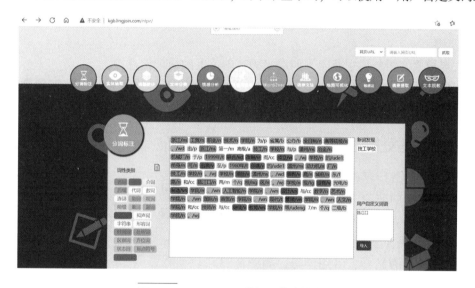

图 6-2 ICTCLAS 分词系统在线演示

NLPIR 分词系统前身为 2000 年发布的 ICTCLAS 词法分析系统，从 2009 年开始，为了和以前的工作进行大的分隔，并推广 NLPIR 自然语言处理与信息检索共享平台，ICTCLAS 分词系统被调整命名为 NLPIR 分词系统。NLPIR 系统支持多种编码、多种操作系统、多种开发语言与平台。

（9）Ansj 中文分词系统

Ansj 中文分词系统是一个基于 n-Gram+CRF+HMM 的中文分词的 java 实现。分词速度达到每秒钟大约 200 万字左右，准确率能达到 96% 以上。该系统目前实现了中文分词、中文姓名识别、用户自定义词典、关键字提取、自动摘要、关键字标记等功能，可以应用到自然语言处理等方面，适用于对分词效果要求高的各种项目。

6.1.3 自然语言处理的基本方法

1. 能力模型——基于规则的方法

又称"理性主义的"语言模型，代表人物有 Chomsky、Minsky。能力模型通常是基于语言学规则的模型，建立在人脑中先天存在语法通则这一假设的基础上，认为语言是人脑的语言能力推导出来的，建立语言模型就是通过建立人工编辑的语言规则集来模拟这种先天的语言能力。

建模步骤：

1）语言学知识形式化；

2）形式化规则算法化；

3）算法实现。

2. 应用模型——基于统计的方法

又称"经验主义的"语言模型，代表人物有 Shannon、Skinner。应用模型根据不同的语言处理应用而建立特定语言模型，通常是通过建立特定的数学模型来学习复杂的、广泛的语言结构，然后利用统计学、模式识别和机器学习等方法训练模型的参数，以扩大语言使用的规模。

建模步骤：

1）大规模真实语料库中获得不同层级语言单位上的统计信息；

2）依据较低级语言单位上的统计信息，运用相关的统计推理技术，计算较高级语言单位上的统计信息。

6.1.4　自然语言处理的研究方向

自然语言处理是计算机科学领域以及人工智能领域的一个重要的研究方向，是一门交叉性学科，包括了自然语言理解和自然语言生成两大研究方向，其中自然语言理解包含了音位学、形态学、词汇学、句法学、语义学、语用学等，如图6-3所示。

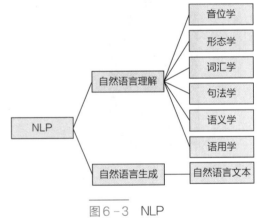

图6-3　NLP

1. 音位学

音位学研究人类语言中音位组合的方式、模式及变化，说明音位怎样形成语素。音位（phoneme）是人类某种语言中能够区别意义的最小语音单位，每种语言都有一套自己的音位系统。

例如：

句子：Delete file x

音位：[dɪ'liːt]、[faɪl]、[eks]

2. 形态学

语言形态学研究语素的结合规律，说明语素怎样形成单词。例如讨论何谓词缀？英语词缀有哪些种类？何谓类词缀？

例如：

单词：unusually

语素组成：un、usual、ly

3. 词汇学

词汇学以语言的词汇为研究对象,研究词汇的起源和发展,词的构造、构成及规范。说明单词本身固有的语义特性和语法特性。

例如:
上例中的 delete 是动词(VERB)。

4. 句法学

句法学研究单词或词组之间的结构规则,说明单词或词组怎样构成句子。

例如:
上例中(file x)是 NP,(Delete file x)是 VP
VP 是动词短语(verb phrase),NP 是名词短语(noun phrase)。

5. 语义学

语义学的研究对象是自然语言的意义,这里的自然语言可以是词、短语(词组)、句子、篇章等不同级别的语言单位。它把语义作为语言的一个组成部分去研究,探讨它的性质、内部结构及其变异和发展以及语义间的关系等。

例如:
句子:Delete file x
语义:DELETE(FILE(id = x))。

6. 语用学

语用学是语言学各分支中一个以语言意义为研究对象的新兴学科领域,是专门研究语言的理解和使用的学问,它研究在特定情景中的特定话语,研究如何通过语境来理解和使用语言。学者莫里斯认为语用学是对指号和解释者的关系的研究,即研究指号在它出现于其中的行为范围内的起源、用法和效果。卡尔纳普认为,如果一种研究明确地涉及说话者或语言作用者,便把这种研究归诸语用学的领域。

例如:
"感染病毒"需要根据情景分析才能知道"病毒"是指"生物病毒"还是"计算机病毒"。

6.1.5 自然语言处理的三个层面

自然语言处理包括词法分析、句法分析、语义分析三个层面:

1. 词法分析

词法分析是确定词的词性的过程,比如确定这个词是代词、冠词,还是名词。词法分析包括分词、词性标注、命名实体识别等。

2. 句法分析

句法分析是识别出句子中各类短语的过程。句法分析包括句法结构分析和依存关系分析等。

3. 语义分析

语义分析的最终目的是理解句子表达的真实语义。

　　如图 6 - 4 所示，以人工英汉翻译为例，英文"In the room, he broke a window with a hammer"是要处理的源语言句子，生成的汉语句子"在房间里，他用锤子砸了一扇窗户"是目标语言句子。

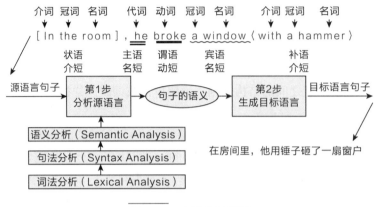

图 6 - 4　人工英汉翻译

　　人工英汉翻译需要经过 2 个步骤，第一步是分析源语言，然后得出句子的语义。第二步是生成目标语言。其中，分析源语言的过程就是在做语义分析。具体过程如图 6 - 5 所示。首先要进行"词法分析"，得出里面各个单词是什么类型的单词，是介词、冠词，还是名词？然后，在"词法分析"的基础上进行"句法分析"，可以得出各种短语，也就是句子的结构。比如冠词加名词是名词短语，代词也是名词短语，然后介词加冠词加名词得出的是介词短语。最后，在"句法分析"的基础上进行"语义分析"。比如知道"broke"是动词短语并且是主动形式，那么就知道其前面是主语，后面是宾语。进而得出关系图，即"施事""受事""地点""工具"，有了关系图后就可以转化为目标语言了。

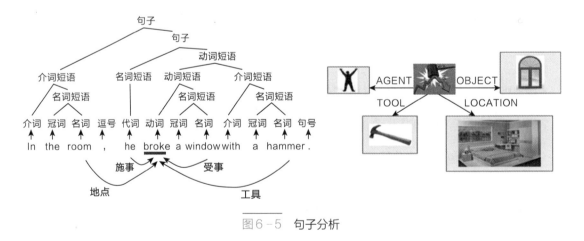

图 6 - 5　句子分析

6.1.6　自然语言处理的难点

　　语言学家普遍认为，歧义现象是指一个句子的含义模棱两可，可以作两种或多种解释。语言是一种约定俗成的社会现象，而不是人们根据科学规律创造出来的，因此，不论哪种语言都存在大量的歧义现象。这里从词法、句法、语义、语用 4 个层面分析语言歧义现象。

1. 词法歧义

词法歧义主要从分词、词性标注、命名实体识别上分析。

分词：词语的切分边界比较难确定。例如句子"严守一把手机关了"可能出现的分词结果：

严守一/把/手机/关/了
严守/一把手/机关/了

词性标注：同一个词语在不同的上下文中词性不同。例如词语"计划"在不同的句子中呈现的词性结果可能不一致：

我/计划/v/考/研/
我/完成/了/计划/n

命名实体识别：人名、专有名词、缩略词等未登录词的识别困难。未登录词即没有被收录在分词词表中但必须切分出来的词。

例如：
高超/nr/a   华明/nr/nt   移动/nt/v

2. 句法歧义

句法歧义是由于句法层面上的依存关系受上下文的影响，一个词兼有两种或两种以上的词性。例如：下列短句（1）在句子（2）和（3）中句法分析如图6-6所示，由于短句受上下文的影响，在句法层面呈现的结果不一致。

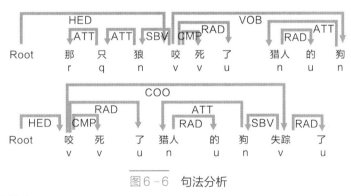

图6-6 句法分析

（1）咬死了猎人的狗
（2）那只狼咬死了猎人的狗
（3）咬死了猎人的狗失踪了

3. 语义歧义

语义歧义是由于一句话的语义存在多个角度理解的可能性。

例如：

（1）"At last, a computer that understands you like your mother"
对于这句话的理解：

A. 它理解你就像你的母亲理解你一样（It understands you as well as your mother understands you）；

B.它理解你喜欢你的母亲(It understands (that) you like your mother);

C.它理解你就像理解你的母亲一样(It understands you as well as it understands your mother)

来看看 Google 的翻译:终于,计算机像妈妈一样理解你。(看上去 Google 的理解更像 A)

(2)"抽屉没有锁。"

对于这句话的理解,"锁"既可以指实体的锁,也可以指动作"上锁"。不同的理解,导致词性的划分也不一致。

4.语用歧义

语用歧义指的是说话人在特定语境或上下文中使用不确定的、模糊的或间接的话语向听话人同时表达数种言外之意这类现象。

例如:

句子"John is a machine.",对于这句话的理解:

A.约翰是机器的名字;

B.约翰一直在工作;

C.约翰工作非常有效率;

D.约翰呼吸沉重;

E.约翰对人们很冷漠;

F.约翰很笨。

6.1.7　自然语言处理的发展现状

北大语料库、HowNet 等一批颇具影响的语言资料库已开发完成,部分技术已达到或基本达到实用化程度,并在实际应用中发挥巨大作用。

阅读理解、图像(视频)理解、语音同声传译等许多新研究方向不断出现。

许多理论问题尚未得到根本性的解决,例如:未登录词的识别、歧义消解的问题、语义理解的难题;缺失一套完整、系统的理论框架体系。

6.2　自然语言处理关键技术

扫码看视频

6.2.1　分词

分词就是将连续的字序列按照一定的规范重新组合成词序列的过程。需要注意的是对于不同的语言体系分词方式有所不同。

在英文的行文中,单词之间是以空格作为自然分界符的。

例如:

"I love China."

分词结果:I / love /China /.

中文只是字、句和段能通过明显的分界符来简单划界,唯独词没有一个形式上的分界符,虽然英文也同样存在短语的划分问题,不过在词这一层上,中文比英文要复杂得多、困难得多。中文分词(Chinese Word Segmentation)指的是将一个汉字序列切分成一个个单独的词。中文分词是文本挖掘的基础,对于输入的一段中文,成功地进行中文分词可以达到计算机自动识别语句含义的效果。

例如：

"一九九八年中国实现进出口总值达一千零九十八点二亿美元。"

分词结果：

一九九八年 /中国 /实现 /进出口 /总值 /达 /一千零九十八点二亿 /美元 /。

常用的分词方法有基于字符串匹配的方法、基于统计的方法、基于深度学习的方法、混合分词等。

1. 基于字符串匹配的方法

基于字符串匹配的方法又称为机械分词方法或字典匹配方法，它主要依据词典的信息，而不使用规则知识和统计信息，按照一定的策略将待切分的汉字串与词典中的词条逐一匹配，若在词典中找到该词条，则匹配成功，否则做其他相应的处理。机械分词法依据待切分文本扫描的方向不同，分为正向匹配、逆向匹配和双向匹配；依据分词过程是否与词性标注过程相结合，又可分为单纯分词方法和分词与标注相结合的一体化方法；依据每次匹配优先考虑长词还是短词，分为最大匹配和最小匹配。常用的基于字符串匹配的分词方法通常是将上述几种单一方法组合起来使用，例如：基于字符串的正向最大匹配、逆向最大匹配、双向最大匹配等。

正向最大匹配法，从左到右将待分词文本中的最多个连续字符与词表匹配，如果匹配上，则切分出一个词。其基本思想是：假设已知机器词典中最长词条的长度为 N，则以 N 作为减字开始的长度标准，首先将待扫描的文本串 S 从左向右截取长度为 N 的字符串 W_1，然后在词典中查找是否存在该字符串 W_1 的词条。如果匹配成功，则 W_1 标记为切分出的词，再从待扫描文本串的 N+1 位置开始扫描；如果匹配失败，将截取长度减 1 后，再从 S 中截取此长度的字符串 W_1，重复上述匹配过程，直至截取长度为 1 为止。以扫描完句子作为整个匹配过程结束。其算法流程如图 6-7 所示。经过这一流程处理后，原本的句子 S 将被切分成 W_1，W_2，…，W_n 的词序列，每一个 W_i 均为词典中的词条或者单字。

逆向最大匹配法，从右到左将待分词文本中的最多个连续字符与词表匹配，如果匹配上，

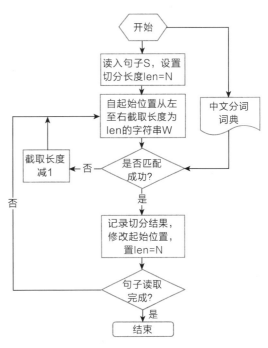

图 6-7　基于正向最大匹配法的分词流程图

则切分出一个词。其基本思想与正向最大匹配分词法大体一致，只是扫描方向换成了从右至左。换句话说，当扫描汉语句子时，根据词典中最长词条的长度，从句末开始向左截取出汉语字符串与词典中的词条匹配，匹配流程与减字法相同，直至扫描到句首为止。例如，待切分字符串为"他说的确实在理"时，正向最大匹配分词法的分词结果为"他/说/的确/实在/理/"，逆向最大匹配分词法的分词结果为"他/说/的/确实/在理/"，根据汉语原意，逆向最大匹配的分词结果是正确的，而正向最大匹配是错误的。统计结果表明，单纯使用正向最大

匹配法的错误率约为 1/169，单纯使用逆向最大匹配法的错误率约为 1/245，显然逆向最大匹配分词法较正向最大匹配分词法在切分准确率上有了一定提高，这一结果与汉语中心语偏后有一定的关系。为了节省处理待匹配字符串的时间，逆向最大匹配通常将词典中的词条也组织成逆序，例如"逆向"这一词条，在逆向最大匹配的分词词典中以"向逆"形式存储。

双向最大匹配法是对待切分字符串采用正向最大匹配和逆向最大匹配分别进行正向和逆向扫描和初步切分，并将正向最大匹配初步切分结果和逆向最大匹配初步切分结果进行比较，如果两个算法得到相同的分词结果，那就认为切分成功，否则，就出现了歧义现象或者是未登录词问题。这种分词算法侧重于分词过程中检错和纠错的应用。

基于字符串匹配方法的特点是简单高效，但词典维护困难，网络新词层出不穷，词典很难覆盖到所有词。

2. 基于统计的方法

随着大规模语料库的建立以及统计机器学习方法的研究和发展，基于统计的中文分词算法渐渐成为主流，其主要思想是把每个词看作是词的最小单位的各个字组成的，如果相连的字在不同的文本中出现的次数比较多，就证明这相连的字很可能是一个词。因此可以利用字与字相邻出现的频率来反应成词的可靠度，统计语料中相邻共现的各个字的组合的频度，当组合频度高于某一个临界值时，便可认为此字组可能会构成一个词语。这种方法的优点是不受待处理文本领域的限制，不需要专门的词典。

基于统计的分词，一般要做如下两步操作：

1）建立统计语言模型；

2）对句子进行单词划分，然后对结果进行概率计算，获得概率最大的分词方式。

对于一个句子 T，怎么算它出现的概率呢？假设 T 是由词序列 $W_1 W_2 W_3 \cdots W_m$ 组成的，那么

$$P(T) = P(W_1 W_2 W_3 \cdots W_m) = P(W_1) P(W_2 | W_1) P(W_3 | W_1 W_2) \cdots P(W_m | W_1 W_2 \cdots W_{m-1})$$

但是这种方法存在两个致命的缺陷：一个缺陷是参数空间过大，不可能实用化；另外一个缺陷是数据稀疏严重。简单来说，当文本过长时，公式右部从第三项起的每一项计算难度都很大。为解决问题，有人提出了 n 元模型（n－gram）降低该计算难度。所谓的 n 元模型就是在估算条件概率时，忽略距离大于等于 n 的上文词的影响，因此 $P(W_1 W_2 W_3 \cdots W_m)$ 的计算可以简化成：

$$P(T) = P(W_1 W_2 W_3 \cdots W_m) \approx P(W_m | W_{m-(n-1)} W_{m-1})$$

对于这个公式的优化目的是保证一定的分词正确性的同时尽最大可能简化公式的计算代价。很明显如果 n 越大那么这个模型的分词正确率应该是越高的，相对应的是极大的计算代价，这样的计算代价很明显是无法接受的，因此在缩短 n 的长度同时保证一定的分词准确性是模型最应该体现的一点。

如果一个词的出现仅依赖于它前面出现的一个词，那么就称之为 bigram。即

$$P(T) = P(W_1 W_2 W_3 \cdots W_m) = P(W_1) P(W_2 | W_1) P(W_3 | W_1 W_2) \cdots P(W_m | W_1 W_2 \cdots W_{m-1})$$
$$\approx P(W_1) P(W_2 | W_1) P(W_3 | W_2) \cdots P(W_m | W_{m-1})$$

如果一个词的出现仅依赖于它前面出现的两个词，那么就称之为 trigram。

以隐马尔可夫模型（HMM）为例，HMM 是将分词作为字在字符串中的序列标注任务来

实现的。其基本思路是：每个字在构造一个特定的词语时都占据着一个确定的构词位置（即词位），现规定每一个字最多只有四个构词位置：即 B（词首）、M（词中）、E（词尾）、S（单独成词），对于下面句子（1）的分词结果就可以直接表示成如（2）所示的逐字标注形式：

1）中文/分词/是/文本处理/不可或缺/的/一步！

2）中/B 文/E 分/B 词/E 是/S 文/B 本/M 处/M 理/E 不/B 可/M 或/M 缺/E 的/S 一/B 步/E！/S

在 HMM 中存在这样一个问题，如何快速有效地选择在一定意义下"最优"的状态序列，使该状态序列最好地解释观察序列。维特比算法（Viterbi Algo）就是解决这个问题的一个有效方法。

3. 基于深度学习的方法

随着 AlphaGo 的大显神威，Deep Learning（深度学习）的热度进一步提高。深度学习来源于传统的神经网络模型。传统的神经网络一般由输入层、隐藏层、输出层组成，其中隐藏层的数目按需确定。深度学习可以简单地理解为多层神经网络，但是深度学习却不仅仅是神经网络。深度模型将每一层的输出作为下一层的输入特征，通过将底层的简单特征组合成为高层的更抽象的特征来进行学习。在训练过程中，通常采用贪婪算法一层层地训练，比如在训练第 k 层时，用固定训练好的前 k－1 层的参数进行训练，训练好第 k 层之后以此类推进行一层层训练。

以 BiLSTM－CRF 模型进行分词为例，模型示意图如图 6－8 所示。

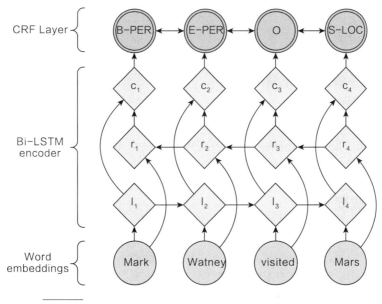

图 6－8　基于 word2vec-BiLSTM-CRF 模型的分词示意图

具体步骤可分为三步：

第一步，对语料进行预处理，即语言预训练。由于深度学习主要是特征学习，而且在NLP 里各种词嵌入是一种有效的特征学习，所以使用 word2vec 模型对语料的字进行嵌入。

第二步，将字嵌入特征作为 BiLSTM 网络的输入，对输出的隐藏层加一个线性层。

第三步，在此基础之上加一个 CRF 层就得到 char-word2vec-BiLSTM-CRF 的模型。

4. 混合分词

在实际工程应用中，多是基于一种分词算法，然后用其他分词算法加以辅助。最常用的是先基于词典的方式分词，然后再用统计分词方式进行辅助。

6.2.2   词性标注

词性是词汇基本的语法属性。词性标注是指为句子分词结果中的每个单词标注一个正确的词性的程序，也即确定每个词是名词、动词、形容词或者其他词性的过程。

例如：迈向/v   充满/v   希望/n   的/uj   新/a   世纪/n。

词性标注是很多 NLP 任务的预处理步骤，如句法分析、信息抽取等，经过词性标注后的文本会带来很大的便利性，但也不是不可或缺的步骤。

词性标注的方法大致可分为三类：基于规则的方法、基于统计的方法、基于深度学习的方法。

6.2.3   命名实体识别

命名实体识别（Named Entities Recognition，NER）又称"专名识别"，是指识别文本中具有特定意义的实体，主要包括人名、地名、机构名、专有名词等。命名实体识别研究的命名实体一般分为 3 大类（实体类、时间类和数字类）和 7 小类（人名、地名、组织机构名、时间、日期、货币和百分比）。命名实体识别的作用与自动分词、词性标注一样，命名实体识别也是自然语言中的一个基础任务，是信息抽取、信息检索、机器翻译、问答系统等技术必不可少的组成部分。

例如：冶金/n   工业部/n   洛阳/ns   耐火材料/l   研究院/n。

命名实体识别一般要做如下两步操作：

1）实体边界识别；

2）确定实体类别（人名、地名、机构名等）。

命名实体识别的难点主要包括各类命名实体的数量众多、命名实体的构成规律复杂、嵌套情况复杂、长度不确定等。

6.2.4   关键词提取

关键词是代表文章重要内容的一组词，现实中大量文本不包含关键词，因此，自动提取关键词技术能使人们便捷地浏览和获取信息，对文本聚类、分类、自动摘要等起重要的作用。

关键词提取算法一般也可以分为有监督和无监督两类。

1）有监督：主要是通过分类的方式进行，通过构建一个较为丰富和完善的词表，然后通过判断每个文档与词表中每个词的匹配程度，以类似打标签的方式，达到提取关键词的效果。

2）无监督：不需要人工生成、维护的词表，也不需要人工标注语料辅助进行训练。例如，TF－IDF 算法、TextRank 算法、主题模型算法（LSA、LSI、LDA）等。

词频－逆文档频率算法（Term Frequency-Inverse Document Frequency，TF－IDF）是一种

基于统计的计算方法，常用于评估在一个文档集中一个词对某份文档的重要程度。

TF 算法是统计一个词在一篇文档中出现的频次。其基本思想是，一个词在文档中出现的次数越多，则其对文档的表达能力也就越强。

$$tf_{ij} = \frac{n_{ij}}{\sum_k n_{kj}} = \frac{词在文档中出现的次数}{文档总词数}$$

IDF 算法是统计一个词在文档集中的多少个文档中出现。其基本思想是，如果一个词在越少的文档中出现，则其对文档的区分能力也就越强。

$$idf_i = \log\left(\frac{|D|}{1 + |D_i|}\right)$$

其中，$|D|$ 为文档集中总文档数，$|D_i|$ 为文档集中出现词 i 的文档数量。如果该词不在文档集中，就会导致分母为零，因此一般情况下使用 $1 + |D_i|$。

TF – IDF 实际上是 TF * IDF。某一特定文件内的高词语频率，以及该词语在整个文件集合中的低文件频率，可以产生出高权重的 TF – IDF。因此，TF – IDF 倾向于过滤掉常见的词语，保留重要的词语。

$$tf \times idf(i,j) = tf_{ij} \times idf_i = \frac{n_{ij}}{\sum_k n_{kj}} \times \log\left(\frac{|D|}{1 + |D_i|}\right)$$

举个简单的例子：

词频（TF）是一词语出现的次数除以该文档的总词语数。假如一篇文档的总词语数是 100 个，而词语"手机"出现了 3 次，那么"手机"一词在该文档中的词频就是 3/100 = 0.03。

逆文档频率（IDF）是文档集里包含的文档总数除以测定有多少份文档出现过"手机"一词。所以，如果"手机"一词在 1,000 份文档出现过，而文档总数是 10,000,000 份的话，其逆文档频率就是 $\log(10,000,000 / 1,000) = 4$。

最后的 TF – IDF 的分数为 $0.03 \times 4 = 0.12$。

6.2.5 句法分析

句法分析的主要任务是识别出句子所包含的句法成分以及这些成分之间的依存关系，分为句法结构分析和依存关系分析。

依存句法分析（Dependency Parsing, DP）通过分析语言单位内成分之间的依存关系揭示其句法结构。直观来讲，依存句法分析识别句子中的"主谓宾""定状补"这些语法成分，并分析各成分之间的关系。

例如，句子"查询王老师教的人工智能专业学生。"的分析结果如图 6 – 9 所示（参考哈工大语言技术平台）。

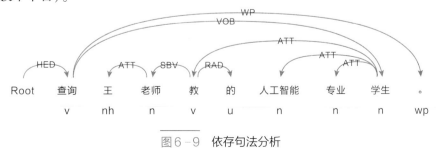

图 6 – 9   依存句法分析

从分析结果中可以看到，句子的核心谓词为"查询"，宾语是"学生"，"查询"和"学生"存在动宾关系，"学生"的修饰语是"专业"，"专业"的修饰语是"人工智能"，主语是"老师"，"老师"的修饰语是"王"，"老师"和"教"存在主谓关系，"教"和"的"存在右附加关系。有了上面的句法分析结果，就可以比较容易地看到，要"查询"的是"学生"，而不是"老师"，即使"老师"也是名词，而且距离"查询"更近。

依存句法分析标注关系（共 15 种）及含义见表 6 - 2。

表 6 - 2   依存句法分析标注关系及含义

关系类型	Tag	Description	Example
主谓关系	SBV	subject-verb	我送她一束花(我 < - 送)
动宾关系	VOB	直接宾语，verb-object	我送她一束花(送 - > 花)
间宾关系	IOB	间接宾语，indirect-object	我送她一束花(送 - > 她)
前置宾语	FOB	前置宾语，fronting-object	他什么书都读（书 < - 读）
兼语	DBL	double	他请我吃饭（请 - > 我）
定中关系	ATT	attribute	红苹果（红 < - 苹果）
状中结构	ADV	adverbial	非常美丽（非常 < - 美丽）
动补结构	CMP	complement	做完了作业（做 - > 完）
并列关系	COO	coordinate	大山和大海（大山 - > 大海）
介宾关系	POB	preposition-object	在贸易区内（在 - > 内）
左附加关系	LAD	left adjunct	大山和大海（和 < - 大海）
右附加关系	RAD	right adjunct	孩子们（孩子 - > 们）
独立结构	IS	independent structure	两个单句在结构上彼此独立
标点	WP	punctuation	标点符号
核心关系	HED	head	指整个句子的核心

句法分析是对语言进行深层次理解的基石。但对于复杂语句，标注样本较少的情况下，仅通过词性分析不能得到正确的语句成分关系。

6.2.6 语义分析

语义分析是编译过程的一个逻辑阶段。

语义分析的任务是解释自然语言句子或篇章各部分（词、词组、句子、段落、篇章）的意义。语义分析过程如图 6 - 10 所示。

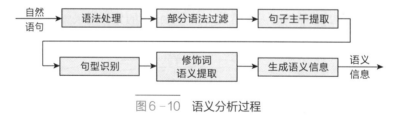

图 6 - 10   语义分析过程

语义分析的重要性体现在仅知道句子的结构是远远不够的。

例如：

三段论：所有人都会死，苏格拉底是人，所以苏格拉底也会死。

　　推论：不可能一天读完鲁迅的作品，《药》是鲁迅的作品，所以一天不能读完《药》。

　　通过上述案例可知，结构上是合乎语法的，但语义上不合实际。因此，仅分析出句子的结构，并不能妥善地解决机器理解与翻译等问题。所以，需要语义分析。

6.3　案例体验

6.3.1　案例体验 1：分词

【实验背景】

　　分词是自然语言处理（NLP）中最基础最重要的模块，分词结果的好坏直接影响下游任务的效果，如命名实体识别（NER）、词性标注、机器翻译等。相较于英文，中文词与词之间没有直接的分隔符，因此，中文分词相对于英文分词更具有挑战性，也更加重要。

【实验目的】

　　了解 jieba 中文分词工具的使用模式和场景；

　　掌握 jieba 中文分词在不同模式下的调用方法。

【实验步骤】

　　步骤 1：导入实验模块

```
#导入模块
import os
import jieba
import warnings#忽略警告
warnings.simplefilter ('ignore')
```

　　步骤 2：探索分词模式

　　1）精确分词：试图将句子最精确地切开，适合文本分析。

```
#精确模式
print(" ----精确模式:----")
#分词语料
s = u'华为合作伙伴网络是华为与合作伙伴之间的协作框架,包含一系列的合作伙伴计划。'
#精确分词
cut = jieba.cut(s,cut_all = False)
print(".join(cut))
```

　　输出结果：

```
----精确模式:----
Loading model cost 0.827 seconds.
Prefix dict has been built succesfully.
华为 合作伙伴 网络 是 华为 与 合作伙伴 之间 的 协作 框架,包含 一系列 的 合作伙伴 计划 。
```

　　2）全模式：把句子中所有的可以成词的词语都扫描出来，速度非常快，但是不能解决歧义。

```
#全模式
print(" ----全模式:----")
```

```
#全模式分词和精确模式对比
print(".join(jieba.cut(s,cut_all = True)))
print("----精确模式:----")
print(".join(jieba.cut(s,cut_all = False)))
```

输出结果：

----全模式:----

华为 合作 合作伙伴 伙伴 网络 是 华为 与 合作 合作伙伴 伙伴 之间 的 协作 框架　包含 一系 一系列 系列 的 合作 合作伙伴 伙伴 计划

----精确模式:----

华为 合作伙伴 网络 是 华为 与 合作伙伴 之间 的 协作 框架 ，包含 一系列 的 合作伙伴 计划 。

3）搜索引擎模式：在精确模式的基础上，对长词再次切分，提高召回率，适用于搜索引擎分词。

```
#搜索引擎模式
print(" - - - -搜索引擎模式:—— - - ")#搜索引擎模式分词
print(','.join(jieba.cut_for_search(s)))
```

输出结果：

- - - -搜索引擎模式:—— - -

华为 ，合作 ，伙伴 ，合作伙伴 ，网络 ，是 ，华为 ，与 ，合作 ，伙伴 ，合作伙伴 ，之间 ，的 ，协作 ，框架 ，，，包含 ，一系 ，系列 ，一系列 ，的 ，合作 ，伙伴 ，合作伙伴 ，计划 ，。

步骤3：读取文本文件并分词

对文本文件：huawei. txt 进行分词，huawei. txt 文件内容如图6-11 所示。

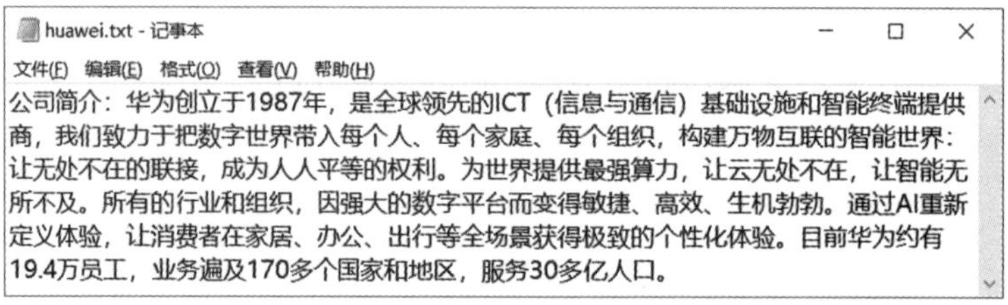

图6-11　huawei. txt 文件内容

```
#如切换环境,请注意文件目录是否正确
data_dir = ""
text_file = os.path.join(data_dir,"huawei.txt")
#读取数据
with open(text_file,'r',encoding ='utf -8') as f:
    text = f.read()
    #分词
    new_text =jieba.cut(text,cut_all = False)
    #去掉标点符号
    str_out = ''.join(new_text).replace(',',"").replace('。',"").replace('?',
    "").replace('! ',"").replace(""",'').replace('"',"").replace(':',"").replace( "...",
    "").replace('(',"").replace(')',"").replace('-',"").replace('《',"").replace('》',
```

```
"").replace(',',"").replace("'","").replace("'","").replace('—',"").replace('\n',"")
print(str_out[ :1000])
```

输出结果：

公司简介　华为 创立 于 1987 年　是 全球 领先 的 ICT 信息 与 通信　基础 设施 和 智能 终端 提供 商　我们 致力于 把 数字 世界 带入 每个 人　每个 家庭　每个 组织　构建 万物 互联 的 智能 世界　让 无 处不在 的 联接　成为 人人平等 的 权利　为 世界 提供 最强 算力　让 云 无处不在　让 智能 无所不及　所有 的 行业 和 组织　因 强大 的 数字 平台 而 变得 敏捷　高效　生机勃勃　通过 AI 重新 定义 体验　让 消费者 在 家居　办公　出行 等 全 场景 获得 极致 的 个性化 体验　目前 华为 约有 19.4 万 员工　业 务 遍及 170 多个 国家 和 地区　服务 30 多亿 人口

【实验小结】

　　本实验介绍了中文分词工具 jieba 的使用场景和使用方式，包括精确分词模式、全模式、搜索引擎模式，适用于不同的应用场景，使学习者了解分词的概念、作用，并掌握不同场景下的具体函数的调用方式。

6.3.2　案例体验 2：TF－IDF 关键词提取

【实验背景】

扫码看视频

　　关键词提取是 NLP 领域应用最多、最常见的任务之一，特别是在搜索、对话场景下，关键词提取结果的好坏对于最终结果的影响非常大，而 tf-idf 是最经典、最常用的用于提取关键词特征的算法之一。本案例将带大家探索 jieba 的基于 tf-idf 的关键词提取模块。

【实验目的】

　　掌握 jieba 中基于 tf-idf 的关键词提取函数的使用方法。

【实验任务】

　　使用 jieba 进行 tf-idf 关键词提取。

【实验步骤】

　　步骤 1：导入相关模块

```
#导入模块
import os
import jieba.analyse as analyse
```

　　步骤 2：指定数据路径

```
#如更换环境,请注意路径是否正确
data_dir = ""
text_file_path = os.path.join(data_dir,'huawei.txt')
```

　　步骤 3：加载数据

```
with open (text_file_path,'r', encoding ='utf-8') as f:
    dataset = f.read()
print(dataset[:500])#查看数据
```

输出结果：

公司简介:华为创立于 1987 年,是全球领先的 ICT(信息与通信)基础设施和智能终端提供商,我们致力于把数字世界带入每个人、每个家庭、每个组织,构建万物互联的智能世界;让无处不在的联接,成为人人平等的权利。为世界提供最强算力,让云无处不在,让智能无所不及。所有的行业和组织,因强大的数字平台而变得敏捷、高效、生机勃勃。通过 AI 重新定义体验,让消费者在家居、办公、出行等全场景获得极致的个性化体验。目前华为约有19.4 万员工,业务遍及 170 多个国家和地区,服务 30 多亿人口。

步骤 4:提取并查看关键词

输出前 10 个关键词, 不带权重。

```
result = analyse.extract_tags(dataset,topK =10,withWeight = False)
for item in result:
print(item)
```

输出结果:

智能

华为

无处不在

每个

体验

无所不及

世界

数字

1987

ICT

步骤 5:提取并查看关键词

输出前 10 个关键词, 带权重。

```
result = analyse.extract_tags(dataset,topK =10, withWeight = True)
for item in result:
print(item)
```

输出结果:

('智能', 0.2753907035526923)

('华为', 0.25462527534410256)

('无处不在', 0.24939206107897435)

('每个', 0.22361383583346153)

('体验', 0.1905892032274359)

('无所不及', 0.17821381605128206)

('世界', 0.16798190021423076)

('数字', 0.16603384012692307)

('1987 ', 0.15326625003717947)

('ICT', 0.15326625003717947)

步骤 6:提取并查看关键词

输出前 10 个关键词, 不带权重, 有词性约束。

```
result = analyse.extract_tags(dataset,topK =10,withWeight = False,allowPOS =
("n"," vn" ,"v"))
```

```
for item in result:
    print(item)
```

输出结果:

智能

体验

世界

数字

算力

互联

组织

提供商

带入

个性化

【实验小结】

本实验介绍了 jieba 的基于 tf-idf 的关键词提取模块,通过实验使学习者掌握 jieba 中的关键词提取的使用方法。

习　题

一、选择题

1. 以下不属于自然语言处理应用场景的是（　　　）。

　　A. 文字识别　　　　　B. 新闻文本分类　　　　　C. 信息抽取　　　　　D. 舆情分析

2. （多选）以下属于自然语言处理常用的工具和平台的有（　　　）。

　　A. thulac　　　　　　B. nltk　　　　　　C. jieba　　　　　　D. ltp

3. 关于 Jieba 分词,下列哪一个是采用 Jieba 全模式对文本 s 进行分词的?（　　　）

　　A. print (', '. joinV (jieba. cut_for_search(s)))

　　B. print (''. join(jieba. cut(s, cut_all = True)))

　　C. print (''. join(jieba. cut(s, cut_all = False)))

　　D. print(''. join(jieba. cut(s)))

4. 以《中国的蜜蜂养殖》为例,假定该文长度为 1000 个词,"中国""蜜蜂""养殖"各出现 20、40、30 次。然后,搜索 Google 发现,包含 "的" 字的网页共有 4000 亿张,假定这就是中文网页总数。包含 "中国" 的网页共有 400 亿张,包含 "蜜蜂" 的网页为 4 亿张,包含 "养殖" 的网页为 40 亿张。则这三个词的 TF – IDF 值约为（　　　）。

　　A. 0.02、0.04、0.03　　　　　　　　　　　B. 0.02、0.12、0.06

　　C. 0.2、40、3　　　　　　　　　　　　　　D. 1、3、2

5. （多选）自然语言处理的难点有（　　　）。

　　A. 词法歧义　　　　　B. 句法歧义　　　　　C. 语义歧义　　　　　D. 语用歧义

二、判断题

1. IDF 算法用于统计一个词在文档集中的多少个文档中出现。其基本思想是,如果一个词在越少的文档中出现,则其对文档的区分能力也就越强。

2. 关于 Jieba 分词，默认为全模式。

3. 先验概率是指根据以往经验和分析得到的概率。

4. 多引擎翻译系统是指本身由很多不同的原则所驱动的混合翻译。

三、思考题

1. 自然语言处理的应用领域非常广泛，除了本课程所讲述的，请举例说明你在生活学习中所见到的其他应用场景。

2. 关于自然语言处理常用的工具和平台，你知道有哪些呢？

3. 什么是 TF – IDF 算法？

四、操作题

使用 Jieba 完成对文本"NLP. txt"的处理：

（1）分词和词性标注；

（2）输出前 5 个关键词，带权重。

第 7 章
人工智能与大数据

技能目标

会进行大数据爬取。

知识目标

熟悉大数据特征；了解大数据的关键技术；熟悉大数据与云计算、物联网之间的关系；了解大数据的案例分析流程。

素质目标

树立严谨认真、精益求精的工匠精神，了解人工智能与大数据相关岗位需求；增强创新意识，开拓视野，主动适应社会环境和人工智能与大数据技术的发展变化。

7.1 应用场景

扫码看视频　　扫码看视频

7.1.1 购物推荐系统应用

天猫首页的"猜你喜欢"、亚马逊的"与您浏览过的商品相关的推荐"、网易云音乐的"私人 FM"等功能将一个词带入大家的视野：推荐系统。打开手机淘宝或者天猫 App，各种推荐的商品呈现眼前，推荐的东西会随着搜索内容的变化而变化。所以打开天猫 App，基本上都是用户想买的商品，而且给每个用户推荐的商品都不一样，这背后其实就是天猫推荐系统的支持。推荐系统是自动联系用户和物品的一种工具，通过研究用户的兴趣偏好，进行个性化计算，可发现用户的兴趣点，帮助用户从海量信息中去发掘自己潜在的需求。推荐系统的本质是建立用户与物品的联系，根据推荐算法的不同，推荐方法可分为如下五类。

1）专家推荐。专家推荐是传统的推荐方式，本质上是一种人工推荐，由资深的专业人士进行物品的筛选和推荐，需要较多的人力成本。现在专家推荐结果主要作为其他推荐算法结果的补充。

2）基于统计信息的推荐。基于统计信息的推荐（如热门推荐），概念直观，易于实现，但对用户个性化偏好的描述能力较弱。

3）基于内容的推荐。基于内容的推荐是信息过滤技术的延续与发展，其更多是通过机器学习的方法去描述内容的特征，并基于内容的特征来发现与之相似的内容。

4）协同过滤推荐。协同过滤推荐是推荐系统中应用最早和最为成功的推荐方法之一。它一般采用最近邻技术，利用用户的历史信息计算用户之间的距离，然后利用目标用户的最近邻居用户对商品的评价信息来预测目标用户对特定商品的喜好程度，最后根据这一喜好程度对目标用户进行推荐。

5）混合推荐。在实际应用中，单一的推荐算法往往无法取得良好的推荐效果，因此多数推荐系统会对多种推荐算法进行有机组合，如在协同过滤之上加入基于内容的推荐。

基于内容的推荐与协同过滤推荐有相似之处，但是基于内容的推荐关注的是物品本身的特征，通过物品自身的特征找到相似的物品；协同过滤推荐则依赖用户与物品间的联系，与物品自身特征没有太多关系。

推荐系统的架构如图7-1所示，一个完整的推荐系统通常包含3个组成模块：用户建模模块、推荐对象建模模块、推荐算法模块。推荐系统首先对用户进行建模，根据用户行为数据和属性数据分析用户特征，同时对推荐对象进行建模，得到物品特征。接着，基于用户特征和物品特征，采用推荐算法计算得到用户可能感兴趣的对象，之后根据推荐场景对推荐结果进行一定程度的过滤和调整，最终将推荐结果展示给用户。

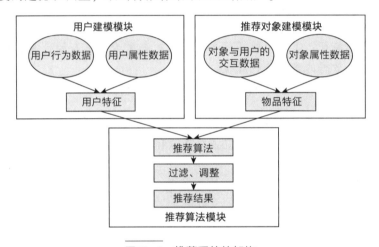

图7-1　推荐系统的架构

推荐系统通常需要处理庞大的数据量，既要考虑推荐的准确度，也要考虑计算推荐结果所需的时间，因此推荐系统一般可再细分成离线计算部分和实时计算部分。离线计算部分对于数据量、算法复杂度、时间限制的要求均较少，可得出较高准确度的推荐结果。实时计算部分则要求能快速响应推荐请求，能容忍相对较低的推荐准确度。通过将实时推荐结果与离线推荐结果相结合，推荐系统能为用户提供高质量的推荐结果。

天猫推荐系统的推荐模式主要有以下四种：看过还看过、看过还买过、买过还看过、买过还买过，通过这四种模式就能进行系统的智能推荐。智能推荐的经典算法主要是协同过滤推荐。协同过滤作为最早、最知名的推荐算法，不仅在学术届得到了深入研究，而且至今在业界仍有广泛的应用。协同过滤可分为基于用户的协同过滤算法和基于物品的协同过滤算法。

1. 基于用户的协同过滤算法（简称 UserCF 算法）

基于用户的协同过滤算法是推荐系统中最古老的算法。可以说，UserCF 的诞生标志着推荐系统的诞生。该算法于 1992 年被提出，直到现在，该算法仍然是推荐系统领域最著名的算法之一。UserCF 算法符合人们对于"趣味相投"的认知，即兴趣相似的用户往往有相同的物品喜好。当目标用户需要个性化推荐时，可以先找到和目标用户有相似兴趣的用户群体，然后将这个用户群体喜欢的、而目标用户没有听说过的物品推荐给目标用户，这种方法就称为"基于用户的协同过滤算法"。

UserCF 算法的实现主要包括两个步骤：

1）找到和目标用户兴趣相似的用户集合；

2）找到该集合中的用户所喜欢的且目标用户没有听说过的物品推荐给目标用户。

假设有用户 a、b、c 和物品 A、B、C、D，其中用户 a、c 都喜欢物品 A 和物品 C，如图 7-2 所示，因此认为这两个用户是相似用户，于是将用户 c 喜欢的物品 D（物品 D 是用户 a 还未接触过的）推荐给用户 a。

如图 7-3 所示，推荐系统发现用户 A 和用户 B 的用户行为和消费历史等相似度较高，那么推荐系统就会将用户 A 的消费集中存在，但是用户 B 的消费集中不存在的物品推荐给用户 B，对用户 B 的消费集也会做同样的处理。所以用户推荐系统就是找到和"你"兴趣爱好相关度更高的用户群，然后将该用户群喜欢的、但是"你"并不知道、没有消费过的物品或内容推荐给"你"。

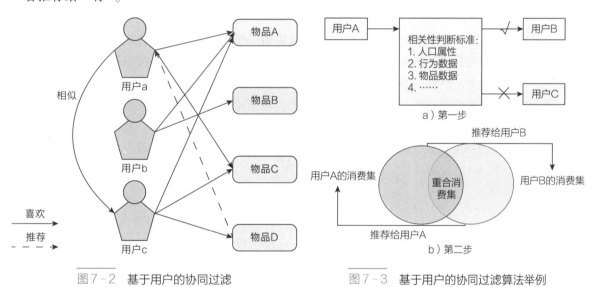

图7-2　基于用户的协同过滤　　　　　图7-3　基于用户的协同过滤算法举例

2. 基于物品的协同过滤算法

基于物品的协同过滤算法（简称 ItemCF 算法）是目前业界应用最多的算法。无论是亚马逊还是 Netflix，其推荐系统的基础都是 ItemCF 算法。ItemCF 算法并不利用物品的内容属性计算物品之间的相似度，而主要通过分析用户的行为记录计算物品之间的相似度。该算法基于的假设是：物品 A 和物品 B 具有很大的相似度是因为喜欢物品 A 的用户大多也喜欢物品 B。例如，该算法会因为你购买过《数据挖掘导论》而给你推荐《机器学习实战》，因为买过《数据挖掘导论》的用户多数也购买了《机器学习实战》。

ItemCF 算法与 UserCF 算法类似，计算也分为两步：

1）计算物品之间的相似度；

2）根据物品的相似度和用户的历史行为，给用户生成推荐列表。

仍然以图 7-2 所示的数据为例，用户 a、b、c 和物品 A、B、C、D，其中用户 a、c 都购买了物品 A 和物品 C，因此认为物品 A 和物品 C 是相似的。因为用户 b 购买过物品 A 而没有购买过物品 C，所以推荐算法为用户 b 推荐物品 C，如图 7-4 所示。

基于物品的协同过滤算法主要是根据用户当前消费的对象来寻找用户可能喜欢的其他物品。物品间的相关性越高，则推荐后被喜欢的可能性就越大。例如，如果用户购买了一张周杰伦的 CD《七里香》，商家为用户推荐一张周杰伦的 CD《我很忙》，那么用户购买的可能性就越大；如果用户购买了柯南道尔的《福尔摩斯探案全集》，则商家为用户推荐青山刚昌的《名侦探柯南》，同样地，用户更容易购买该产品。

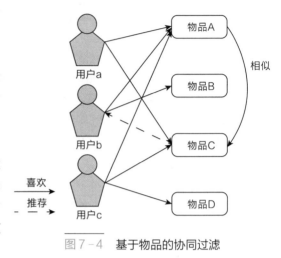

图 7-4　基于物品的协同过滤

7.1.2　教育大数据应用

大数据在教育领域中的应用主要指的是在线决策、学习分析、数据挖掘三大要素，其主要作用是进行预测分析、行为分析、学业分析等的应用和研究。教育大数据指的是对学生学习过程中产生的大量数据（数据主要来源于两个方面，一个是显性行为，包括考试成绩、作业完成情况以及课堂表现等；另一个是隐形行为，包括论坛发帖、课外活动、在线社交等不直接作为教育评价的活动）进行分析，并为学校和教师的教学提供参考，及时准确地评估学生的学业情况，发现学生潜在的问题，并对学生未来的表现进行预测。教育大数据的应用场景如图 7-5 所示。

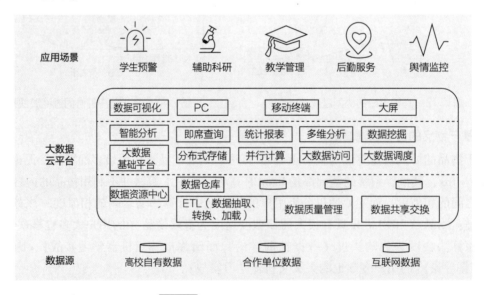

图 7-5　教育大数据的应用场景

学习分析是近年来大数据在教育领域较为典型的应用。学习分析就是利用数据收集工具和分析技术，研究分析学习者学习参与、学习表现和学习过程的相关数据，进而对课程、教学和评价进行实时修正。学习分析的应用领域如图 7-6 所示。

学习分析的这些应用领域主要用来解决八类问题。

1）学习者知识建模：用来研究学习者掌握了哪些知识。

2）学习者行为建模：学习者不同的学习行为范式与学习结果的相关关系。

3）学习者经历建模：学习者对于自己学习经历的满意度。

4）学习者建模：对学习者聚类分组。

5）领域知识建模：查看学习内容的难度级别、呈现顺序与学习者学习结果的相互关系。

6）学习组件分析和教学策略分析：查看在线学习系统中学习组件的功能以及在线教学策略与学习者学习结果的相互关系。

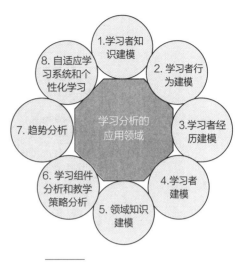

图7-6　学习分析的应用领域

7）趋势分析：对学习者的当前学习行为和未来学习结果之间的相互关系进行分析。

8）自适应学习系统和个性化学习：实现学习者个性化学习和在线学习系统相适应。

下面给出两家公司教育大数据应用的具体例子。

1）Civitas Learning：一家专门聚焦于运用预测性分析、机器学习来提高学生成绩的公司，该公司建立了巨大的跨校学习数据库。通过这些数据，能够分析学生的学习成绩、出勤率、辍学率以及保留率的情况。

2）Desire2Learn：这家公司的产品通过对学生阅读电子化的课程材料、提交电子版的作业以及在线与同学交流、考试及测验等的情况进行监控，就能让计算机程序持续、系统地分析每个学生的教育数据，这样老师就能及时地关注到每个学生的情况，方便发现问题，及时改进。

7.1.3　交通大数据应用

近年来，随着经济的快速发展，机动车持有量迅速增加，交通管理现状和需求的矛盾进一步加剧。在此情况下，智能交通系统（Intelligent Transportation System，ITS）应运而生，成为未来交通系统的一个发展方向。智能交通系统涉及的用户服务领域有交通管理与规划、出行者信息、车辆安全与辅助驾驶、商用车辆管理、公共交通、电子收费等。而大数据是智能交通的核心，可以预测个体交通行为，维系交通安全，促使交通信息服务个性化，基于实时数据为用户提供更精准的导航、停车服务，实现新型的实时互联交通服务模式。

交通大数据主要来源于交通道路上卡口的过车记录，前端卡口处理系统对所拍摄的图像进行分析，获取车牌号码、车牌颜色、车身颜色、车标、车辆品牌等数据，并将获取到的车辆信息连同车辆的通过时间、地点、行驶方向等信息，通过计算机网络传输到卡口系统控制中心的数据库中进行数据存储、查询、比对等处理。但是卡口覆盖范围有限，针对交通管理部门的需求以及我国的道路特点，也可通过整合图像处理、模式识别等技术，实现对监控路段的机动车道、非机动车道的全天实时监控和数据采集。数据中心逻辑框架如图7-7所示。

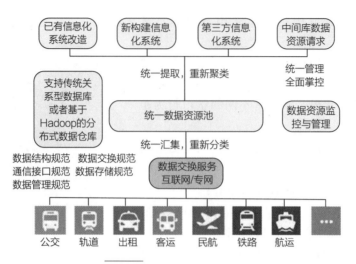

图 7 - 7   数据中心逻辑框架

交通控制中心是智能交通系统必不可少的部分，如图 7 - 8 所示。交通控制中心其实就是协调诱导车辆行驶并发布路网数据的控制中心，可以充分利用采集到的交通数据，管理路网并减少交通事故的发生。

公共交通实时信息服务也是交通大数据的典型应用，如图 7 - 9 所示。公共交通实时信息服务可以提高服务的可靠性和服务水平，通过将采集到的公共交通的实际位置与预期位置进行对比，计算延误时间，并将公共交通的位置信息及延误时间等数据发布到沿线的其他站点及专门的 App 及公众号上供乘客查询。

图 7 - 8   交通控制中心

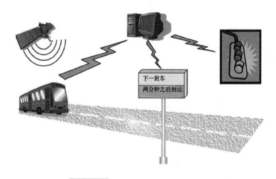

图 7 - 9   公共交通实时信息

7.2 ╲ 基本原理及技术发展现状

7.2.1 大数据的特征

扫码看视频   扫码看视频

随着大数据时代的到来，"大数据"已经成为互联网信息技术行业的流行词汇。关于"什么是大数据"这个问题，大家比较认可的是关于大数据的 4 个 "V"，或者说是大数据的 4 个特点，即数据量大（Volume）、数据类型繁多（Variety）、处理速度快（Velocity）和价值密度低（Value）。

1. 数据量大

人类进入信息社会以后，数据以自然方式增长，其产生不以人的意志为转移。从 1986 年开始到 2010 年的 20 多年时间里，全球的数据量增长了约 100 倍，今后的数据增长速度将会更快，我们正生活在一个"数据爆炸"的时代。今天，世界上只有 25% 的设备是联网的，大约 80% 的上网设备是计算机和手机，而在不远的将来，将有更多的用户成为网民，汽车、电视、家用电器、生产电器等各种设备也在接入互联网。随着 Web 2.0 和移动互联网的快速发展，人们已经可以随时随地在博客、微博、微信等平台发布各种信息。随着物联网的推广和普及，各种传感器和摄像头将遍布工作和生活的各个角落，这些设备每时每刻都在自动产生大量数据。

综上所述，人类社会正经历第二次"数据爆炸"（如果把印刷在纸上的文字和图形也看作数据，那么人类历史上第一次"数据爆炸"发生在造纸术和印刷术发明的时期）。各种数据产生速度之快，产生数量之大，已经远远超出人类可以控制的范围，"数据爆炸"成为大数据时代的鲜明特征。

根据著名咨询机构互联网数据中心（Internet Data Center，IDC）做出的估测，人类社会产生的数据一直都在以每年 50% 的速度增长，也就是说，每两年就增加一倍多，这被称为"大数据摩尔定律"。这意味着，人类在最近两年产生的数据量相当于之前产生的全部数据量之和。2020 年，全球总共拥有约 44ZB（数据存储单位之间的换算关系见表 7 - 1）的数据量，与 2010 年相比，数据量增长近 40 倍。

表 7 - 1　数据存储单位之间的换算关系

单位	换算关系
Byte（字节）	1Byte =8bit
KB（Kilobyte，千字节）	1 KB =1024 Byte
MB（Megabyte，兆字节）	1 MB =1024 KB
GB（Gigabyte，吉字节）	1 GB =1024 MB
TB（Trillionbyte，太字节）	1 TB =1024 GB
PB（Petabyte，拍字节）	1 PB =1024 TB
EB（Exabyte，艾字节）	1 EB =1024 PB
ZB（Zettabyte，泽字节）	1 ZB =1024 EB

对于如此庞大的数据量，常用的大数据存储方式有以下 3 种。

1）分布式系统。分布式系统包含多个自主的处理单元，通过计算机网络互联协作完成分配任务，其分而治之的策略能够更好地处理大规模数据问题。

2）NoSQL 数据库。关系型的数据库无法满足海量数据的管理需求，无法满足数据高并发的需求、高可扩展性和高可用性的功能。而 NoSQL 数据库则具有很大的优势，可以支持超大规模数据存储，灵活的数据模型可以很好地支持 Web 2.0 应用，具有强大的横向扩展能力。

3）云数据库。云数据库是基于云计算技术发展的一种共享基础架构的方法，是部署和虚拟化在云计算环境中的数据库。云数据库并非一种全新的数据库技术，而只是以服务的方式提供数据库功能。

　　随着数据量的不断增长，数据所蕴含的价值会从量变发展到质变。举例来说，受到照相技术的制约，早期只能每分钟拍 1 张，随着照相设备的不断改进，处理速度越来越快，发展到后来，就可以每秒拍 1 张，而当有一天发展到每秒可以拍 10 张以后，就产生了电影。当照片数量的增长带来质变时，照片就发展成了电影。同样的量变到质变，也会发生到数据量的增长过程之中。

2. 数据类型繁多

　　大数据的数据来源众多，科学研究、企业应用和 Web 应用等都在源源不断地产生新的类型繁多的数据。消费者大数据、金融大数据、医疗大数据、城市大数据、工业大数据等都呈现出"井喷式"增长，所涉及的数据量十分巨大，已经从 TB 级别跃升到 PB 级别。各行各业，每时每刻，都在生成各种不同类型的数据。

　　1）消费者大数据。中国移动拥有超过 8 亿的用户，每日新增数据量达到 14TB，累计存储量超过 300PB；阿里巴巴的月活跃用户超过 5 亿，单日新增数据量超过 50TB，累计超过数百 PB；百度月活跃用户近 7 亿，每日处理数据量达到 100PB；腾讯月活跃用户超过 9 亿，数据量每日新增数百 TB，总存储量达到数百 PB；京东每日新增数据量达到 1.5PB，2016 年累计数据量达到 100PB，年增 300%；今日头条日活跃用户近 3000 万，每日处理数据量达到 7.8PB；我国 30% 人口会点外卖，周均 3 次，美团用户近 6 亿，每日处理数据量超过 4.2PB；滴滴打车用户超过 4.4 亿，每日新增轨迹数据量达到 70TB，处理数据量超过 4.5PB；我国共享单车市场拥有近 2 亿用户，超过 700 万辆自行车，每日骑行量超过 3000 万次，每日产生约 30TB 数据；携程旅行网每日线上访问量上亿，每日新增数据量达到 400TB，存储量超过 50PB；小米公司的联网激活用户超过 3 亿，小米云服务数据量达到 200PB。

　　2）金融大数据。中国平安有约 8.8 亿客户的脸谱和信用信息，以及近 5000 万个声纹库；中国工商银行拥有约 5.5 亿个人客户，全行数据量超过 60PB；中国建设银行用户超过 5 亿，手机银行用户达到 1.8 亿，网银用户超过 2 亿，数据存储量达到 10PB；中国农业银行拥有约 5.5 亿个人客户，日处理数据达到 1.5TB，数据存储量超过 15PB；中国银行拥有约 5 亿个人客户，手机银行客户达到 1.15 亿，电子渠道业务替代率达到 94%。

　　3）医疗大数据。一个人拥有约 10^{14} 个细胞、3×10^9 个碱基对，一次全面的基因测序产生的个人数据量可以达到 100 ~ 600GB；华大基因公司 2017 年产出的数据量达到 1EB；在医学影像中，一次 3D 核磁共振检查可以产生约 150MB 数据（1 张 CT 图像约 150MB）；2015 年，美国平均每家医院需要管理约 665TB 数据，个别医院年增数据量达到 PB 级别。

　　4）城市大数据。一个数据传输 8Mbit/s 摄像头 1 小时产生的数据量是 3.6GB，1 个月产生数据量约为 2.59TB。很多城市的摄像头多达几十万个，1 个月的数据量达到数百 PB，若需保存 3 个月，则存储的数据量会达到 EB 级别；北京市政府部门数据总量，2011 年达到 63PB，2012 年达到 95PB，2018 年达到数百 PB；全国政府大数据加起来为数百个甚至上千个阿里巴巴大数据的体量。

　　5）工业大数据。Rolls Royce 公司对飞机发动机做一次仿真，会产生数十 TB 的数据；一个汽轮机的扇叶在加工中就可以产生约 0.5TB 的数据，扇叶生产每年会收集约 3PB 的数据；叶片运行每日产生约 588GB 的数据；美国通用电气公司在出厂飞机的每台发动机上装 20 个传感器，每个发动机每飞行 1 小时能产生约 20TB 数据并通过卫星回传，使其每天可收集 PB

级数据；清华大学与金风科技共建风电大数据平台，2 万台风机年运维数据量约为 120PB。

综上所述，大数据的数据类型非常丰富，但是，总体而言可以分成两大类，即结构化数据和非结构化数据。其中，前者占 10% 左右，主要是指存储在关系数据库中的数据；后者占 90% 左右，种类繁多，主要包括邮件、音频、视频、位置信息、链接信息、手机呼叫信息、网络日志等。

如此类型繁多的异构数据，对数据处理和分析技术提出了新的挑战，也带来了新的机遇。传统数据主要存储在关系型数据库中，但是，在类似 Web 2.0 等应用领域中，越来越多的数据开始被存储在非关系型数据库（Not Only SQL，NoSQL）中，这就必然要求在集成的过程中进行数据转换，而这种转换的过程是非常复杂和难以管理的。传统的联机分析处理（On - Line Analytical Processing，OLAP）和商务智能工具大都面向结构化数据，而在大数据时代，用户友好的、支持非结构化数据分析的商业软件也迎来广阔的市场空间。

3. 处理速度快

大数据时代的数据产生速度非常迅速。在 Web 2.0 应用领域，1 分钟内，新浪可以产生 2 万条微博，Twitter 可以产生 10 万条推文，App Store 有 4.7 万次应用下载，淘宝可以卖出 6 万件商品，人人网可以发生 30 万次访问，百度可以产生 90 万次搜索查询，Facebook 可以产生 600 万次浏览量。大名鼎鼎的大型强子对撞机（LHC），大约每秒产生 6 亿次的碰撞，每秒生成约 700MB 的数据，有成千上万台计算机分析这些碰撞。

大数据时代的很多应用都需要对快速生成的数据给出实时分析结果，用于指导生产和生活实践。因此，数据处理和分析的速度通常要达到秒级响应，这点和传统的数据挖掘技术有着本质的不同，后者通常不要求给出实时分析结果。

4. 价值密度低

大数据虽然看起来很美，但是价值密度却远远低于传统关系数据库中已有的数据。在大数据时代，很多有价值的信息都是分散在海量数据中的。以小区监控视频为例，如果没有意外事件发生，则连续不断产生的数据都是没有任何价值的，当发生偷盗等意外情况时，也只有记录了事件过程的那一小段视频是有价值的。但是，为了能够获得发生偷盗等意外情况时的那一段宝贵视频，不得不投入大量资金购买监控设备、网络设备、存储设备，耗费大量的电能和存储空间保存摄像头连续不断传来的监控数据。

如果这个实例还不够典型，那么可以想象另一个更大的场景。假设一个电子商务网站希望通过微博数据进行有针对性的营销，为了实现这个目的，就必须构建一个能存储和分析新浪微博数据的大数据平台，使之能够根据用户的微博内容进行有针对性的商品需求趋势预测。愿望很美好，但是现实代价很大，需要耗费几百万元构建整个大数据团队和平台，而最终带来的企业销售利润增加额可能会比投入低许多，从这点来说，大数据的价值密度是较低的。

对于微博数据价值密度低的问题，要怎么高效利用微博上的大数据呢？阿里和微博正在做的 Big-Data-As-a-Service，用户可以根据自己的需求，直接通过阿里和微博提供的大数据服务的付费和免费接口，去对那些真正能产生价值的淘宝、微博数据进行分析。

7.2.2　大数据的关键技术

当人们谈到大数据时，往往并非仅指数据本身，而是数据和大数据技术这二者的综合。

所谓大数据技术，是指伴随着大数据的采集、预处理、存储、分析和应用的相关技术，是一系列使用非传统的工具对大量的结构化、半结构化和非结构化的数据进行处理，从而获得分析和预测结果的一系列数据处理和分析技术。讨论大数据技术时，首先需要了解大数据的基本处理流程，其技术框架如图 7-10 所示，主要包括数据采集、数据预处理、数据存储与管理、数据分析和数据展示等环节。

图 7-10   大数据技术框架

数据无处不在，互联网网站、政务系统、零售系统、办公系统、自动化生产系统、监控摄像头、传感器等，每时每刻都在产生数据。这些分散在各处的数据，需要采用相应的设备或软件进行采集。采集到的数据通常无法直接用于后续的数据分析，因为对于来源众多、类型多样的数据而言，数据缺失和语义模糊等问题是不可避免的，因而必须采取相应措施有效解决这些问题，这就需要一个被称为"数据预处理"的过程，把数据变成一个可用的状态。数据经过预处理以后，会被存放到文件系统或数据库系统中进行存储与管理；然后采用数据挖掘工具对数据进行处理与分析；最后采用可视化工具为用户呈现结果。在整个数据处理过程中，还必须注意数据安全和隐私保护问题。

因此，从数据分析全流程的角度看，大数据技术主要包括数据采集与预处理、数据存储和管理、数据处理与分析、数据安全和隐私保护等几个层面的内容，具体见表 7-2。

表 7-2   大数据技术的不同层面及其功能

技术层面	功能
数据采集与预处理	利用 ETL 工具将分布的、异构数据源中的数据，如关系数据、平面数据文件等，抽取到临时中间层后进行清洗、转换、集成，最后加载到数据仓库或数据集市中，成为联机分析处理、数据挖掘的基础；也可以利用日志采集工具(如 Flume、Kafka 等)把实时采集的数据作为流计算系统的输入，进行实时处理分析
数据存储和管理	利用分布式文件系统、数据仓库、关系数据库、NoSQL 数据库、云数据库等，实现对结构化、半结构化和非结构化海量数据的存储和管理
数据处理与分析	利用分布式并行编程模型和计算框架，结合机器学习和数据挖掘算法，实现对海量数据的处理和分析；对分析结果进行可视化呈现，帮助人们更好地理解数据、分析数据
数据安全和隐私保护	在从大数据中挖掘潜在的巨大商业价值和学术价值的同时，构建数据安全体系和隐私数据保护体系，有效保护数据安全和个人隐私

需要指出的是，大数据技术是许多技术的一个集合体，这些技术也并非全部都是新生事物，诸如关系数据库、数据仓库、数据采集、ETL、OLAP、数据挖掘、数据隐私和安全、数据可视化等技术是已经发展多年的技术，在大数据时代得到不断补充、完善、提高后又有了新的升华，也可以视为大数据技术的组成部分。

7.2.3　大数据与云计算、物联网

云计算、大数据和物联网代表了 IT 领域最新的技术发展趋势，三者相辅相成，既有区别又有联系。为了更好地理解三者之间的紧密关系，下面将首先简要介绍云计算和物联网的概念，再分析大数据、云计算和物联网的区别与联系。

1. 云计算

云计算通过网络提供可伸缩的、廉价的分布式计算能力，用户只需要在具备网络接入条件的地方就可以随时随地获得所需的各种 IT 资源。云计算代表了以虚拟化技术为核心、以低成本为目标的、动态可扩展的网络应用基础设施，是近年来最有代表性的网络计算技术与模式。

云计算包括 3 种典型的服务模式（见图 7-11）：基础设施即服务（Infrastructure as a Service，IaaS）、平台即服务（Platform as a Service，PaaS）和软件即服务（Software as a Service，SaaS）。IaaS 将基础设施（计算资源和存储）作为服务出租，PaaS 把平台作为服务出租，SaaS 把软件作为服务出租。

云计算包括公有云、混合云和私有云 3 种类型（见图 7-11）。公有云面向所有用户提供服务，只要是注册付费的用户都可以使用，比如阿里云和亚马逊云；私有云只为特定用户提供服务，比如大型企业处于安全

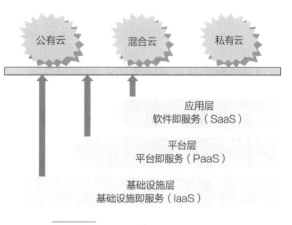

图 7-11　云计算的服务模式和类型

考虑自建的云环境，只为企业内部提供服务；混合云综合了公有云和私有云的特点，因为对于一些企业而言，一方面出于安全考虑需要把数据放在私有云中，另一方面又希望可以获得公有云的计算资源，为了获得最佳的效果，就可以把公有云和私有云进行混合搭配使用。

可以采用云计算管理软件来构建云环境（公有云或私有云），OpenStack 就是一种非常流行的构建云环境的开源软件。OpenStack 管理的资源不是单机的系统而是一个分布的系统，它把分布的计算、存储、网络、设备、资源组织起来，形成一个完整的云计算系统，帮助服务商和企业内部实现类似 Amazon EC2 和 S3 的云基础架构服务。

云计算的关键技术包括虚拟化、分布式存储、分布式计算、多租户等。

（1）虚拟化

虚拟化技术是云计算基础架构的基石，是指将一台计算机虚拟为多台逻辑计算机，在一台计算机上同时运行多台逻辑计算机，每台逻辑计算机可运行不同的操作系统，并且应用程序都可以在相互独立的空间内运行而互不影响，从而显著提高计算机的工作效率。

虚拟化的资源可以是硬件（如服务器、磁盘和网络），也可以是软件。以服务器虚拟化为例，它将服务器物理资源抽象成逻辑资源，让一台服务器变成几台甚至上百台相互隔离的虚拟服务器，不再受限于物理上的界限，而是让 CPU、内存、磁盘、I/O 等硬件变成可以动态管理的"资源池"，从而提高资源的利用率，简化系统管理，实现服务器整合，让 IT 对业务的变化更具适应力。

Hyper-V、VMware KVM、VirtualBox、Xen、QEMU 等都是非常典型的虚拟化平台。Hyper-V 是微软公司的一款虚拟化产品，旨在为用户提供效益更高的虚拟化基础设施软件，从而为用户降低运作成本，提高硬件利用率，优化基础设施，提高服务器的可用性。VMware 是全球桌面到数据中心虚拟化解决方案的领导厂商。

近年来发展起来的容器技术（如 Docker）是不同于 VMware 等传统虚拟化技术的一种新型轻量级虚拟化技术（也被称为"容器型虚拟化技术"）。与 VMware 等传统虚拟化技术相比，Docker 具有启动速度快、资源利用率高、性能开销小等优点，受到业界青睐，并得到了越来越广泛的应用。

（2）分布式存储

面对"数据爆炸"的时代，集中式存储已经无法满足海量数据的存储需求，分布式存储应运而生。Google 文件系统（Google File System，GFS）是谷歌公司推出的一款分布式文件系统，可以满足大型、分布式、对大量数据进行访问的应用需求。GFS 具有很好的硬件容错性，可以把数据存储到成百上千台服务器上，并在硬件出错的情况下尽量保证数据的完整性。GFS 还支持 GB 或者 TB 级别超大文件的存储，一个大文件会被分成许多块，分散存储在由数百台机器组成的集群里。Hadoop 分布式文件系统（Hadoop Distributed File System，HDFS）是对 GFS 的开源实现，它采用了更加简单的"一次写入、多次读取"文件模型，文件一旦创建、写入并关闭了，之后就只能对它执行读取操作，而不能执行任何修改操作；同时，HDFS 是基于 Java 实现的，具有强大的跨平台兼容性，只要是 JDK 支持的平台都可以兼容。

谷歌公司后来又以 GFS 为基础开发了分布式数据管理系统 BigTable，它是一个稀疏、分布、持续多维度的排序映射数组，适合于非结构化数据存储的数据库，具有高可靠性、高性能、可伸缩等特点，可在廉价 PC 服务器上搭建起大规模存储集群。HBase 是针对 BigTable 的开源实现。

（3）分布式计算

面对海量的数据，传统的单指令、单数据流、顺序执行的方式已经无法满足快速处理数据的要求；同时，也不能寄希望于通过硬件性能的不断提升来满足这种需求，因为晶体管电路已经逐渐接近其物理上的性能极限，摩尔定律已经开始慢慢失效，CPU 性能很难每隔 18 个月翻一番。在这样的大背景下，谷歌公司提出了并行编程模型 MapReduce，让任何人都可以在短时间内迅速获得海量计算能力，它允许开发者在不具备并行开发经验的前提下也能够开发出分布式的并行程序，并让其同时运行在数百台机器上，在短时间内完成海量数据的计算。MapReduce 将复杂的、运行于大规模集群上的并行计算过程抽象为两个函数——Map 和 Reduce，并把一个大数据集切分成多个小的数据集，分布到不同的机器上进行并行处理，极大提高了数据的处理速度，可以有效满足许多应用对海量数据的批量处理需求。Hadoop 开源实现了 MapReduce 编程框架，被广泛应用于分布式计算。

（4）多租户

多租户技术目的在于使大量用户能够共享同一堆栈的软硬件资源，每个用户按需使用资源，能够对软件服务进行客户化配置，而不影响其他用户的使用。多租户技术的核心包括数据隔离、客户化配置、架构扩展和性能定制。

云计算产业作为战略性新兴产业，近些年得到了迅速发展，形成了成熟的产业链结构（见图 7 - 12）。产业涵盖硬件与设备制造、基础设施运营、软件与解决方案供应商、基础设施即服务、平台即服务、软件即服务、终端设备、云计算交付/咨询/认证、云安全等环节。

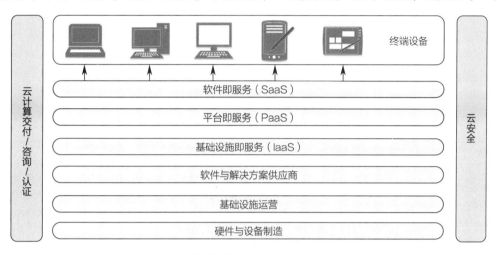

图 7 - 12　云计算产业链

硬件与设备制造环节包括了绝大部分传统硬件制造商，这些厂商都已经在某种形式上支持虚拟化和云计算，主要包括 Intel、AMD、Cisco、SUN 等。基础设施运营环节包括数据中心运营商、网络运营商、移动通信运营商等。软件与解决方案供应商主要以虚拟化管理软件为主，包括 IBM、微软、思杰、SUN、Red Hat 等。IaaS 将基础设施（计算和存储等资源）作为服务出租，向客户出售服务器、存储和网络设备、带宽等基础设施资源，厂商主要包括 Amazon、Rackspace、Gogrid、Grid Player 等。PaaS 把平台（包括应用设计、应用开发、应用测试、应用托管等）作为服务出租，厂商主要包括谷歌、微软、新浪、阿里巴巴等。SaaS 把软件作为服务出租，向用户提供各种应用，厂商主要包括 Salesforce、谷歌等。云计算交付/咨询/认证环节包括了三大交付以及咨询认证服务商，这些服务商已经支持绝大多数形式的云计算咨询及认证服务，主要包括 IBM、微软、Oracle、思杰等。云安全旨在为各类云用户提供高可信的安全保障，厂商主要包括 IBM、OpenStack 等。

2. 物联网

物联网是物物相连的互联网，是互联网的延伸，它利用局部网络或互联网等通信技术把传感器、控制器、计算机、人员和物等通过新的方式连在一起，形成人与物、物与物相连，实现信息化和远程管理控制。物联网中的关键技术包括识别和感知技术（二维码、RFID、传感器等）、网络与通信技术、数据挖掘与融合技术等。

从技术架构上看，物联网可分为四层（见图 7 - 13）：感知层、网络层、处理层和应用层。每层的具体功能见表 7 - 3。

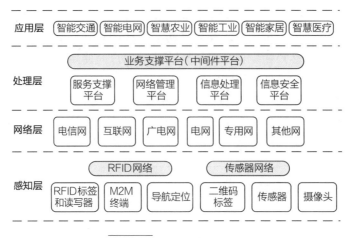

图7-13　物联网体系架构

表7-3　物联网各个层次的功能

层次	功能
感知层	如果把物联网系统比喻为人体，那么感知层就好比人体的神经末梢，用来感知物理世界，采集来自物理世界的各种信息。这个层包含了大量的传感器，如温度传感器、湿度传感器、应力传感器、加速度传感器、重力传感器、气体浓度传感器、土壤盐分传感器、二维码标签、射频识别（Radio Frequency Identification，RFID）标签和读写器、摄像头、GPS设备等
网络层	相当于人体的神经中枢，起到信息传输的作用。网络层包含各种类型的网络，如互联网、移动通信网络、卫星通信网络等
处理层	相当于人体的大脑，起到存储和处理的作用，包括数据存储、管理和分析平台
应用层	直接面向用户，满足各种应用需求，如智能交通、智慧农业、智慧医疗、智能工业等

物联网已经广泛应用于智能交通、智慧医疗、智能家居、环保监测、智能安防、智能物流、智能电网、智慧农业、智能工业等领域，对国民经济与社会发展起到了重要的推动作用，具体如下。

1）智能交通。利用RFID、摄像头、线圈、导航设备等物联网技术构建的智能交通系统，可以让人们随时随地通过智能手机、大屏幕、电子站牌等方式，了解城市各条道路的交通状况、所有停车场的车位情况、每辆公交车的当前到达位置等信息，合理安排行程，提高出行效率。

2）智慧医疗。医生利用平板计算机、智能手机等手持设备，通过无线网络，可以随时连接访问各种诊疗仪器，实时掌握每个病人的各项生理指标，科学、合理地制定诊疗方案，甚至可以支持远程诊疗。

3）智能家居。利用物联网技术可以提升家居安全性、便利性、舒适性、艺术性，并创建环保节能的居住环境。比如可以在工作单位通过智能手机远程开启家里的电饭煲、空调、门锁、监控、窗帘和电灯等，家里的窗帘和电灯也可以根据时间和光线变化自动开启和关闭。

4）环保监测。在重点区域放置监控摄像头或水质土壤成分检测仪器，相关数据可以实时传输到监控中心，出现问题时实时发出警报。

5）智能安防。采用红外线、监控摄像头、RFID 等物联网设备，可以实现小区出入口智能识别和控制、意外情况自动识别和报警、安保巡逻智能化管理等功能。

6）智能物流。利用集成智能化技术，可以使物流系统模仿人的智能，具有思维、感知、学习、推理判断和自行解决物流中某些问题的能力（如选择最佳行车路线、选择最佳包裹装车方案），从而实现物流资源优化调度和有效配置，提升物流系统效率。

7）智能电网。通过智能电表，不仅可以免去抄表工的大量工作，还可以实时获得用户用电信息，提前预测用电高峰期和低谷期，为合理设计电力需求响应系统提供依据。

8）智慧农业。利用温度传感器、湿度传感器和光线传感器，可以实时获得种植大棚内的农作物生长环境信息，远程控制大棚遮光板、通风口、喷水口的开启和关闭，让农作物始终处于最优生长环境，提高农作物产量和品质。

9）智能工业。将具有环境感知能力的各类终端、基于泛在技术的计算模式、移动通信技术等不断融入工业生产的各个环节，可以大幅提高制造效率，改善产品质量，降低产品成本和资源消耗，将传统工业提升到智能化的新阶段。

完整的物联网产业链主要包括核心感应器件提供商、感知层末端设备提供商、网络运营商、软件与行业解决方案提供商、系统集成商、运营及服务提供商等（见图 7-14），具体如下。

1）核心感应器件提供商。提供二维码、RFID 标签及读写器、传感器、智能仪器仪表等物联网核心感应器件。

2）感知层末端设备提供商。提供射频识别设备、传感系统及设备、智能控制系统及设备、GPS 设备、末端网络产品等。

3）网络运营商。包括电信网络运营商、广电网络运营商、互联网运营商、卫星网络运营商和其他网络运营商等。

4）软件与行业解决方案提供商。提供微操作系统、中间件、解决方案等。

5）系统集成商。提供行业应用集成服务。

6）运营及服务提供商。提供行业物联网运营及服务。

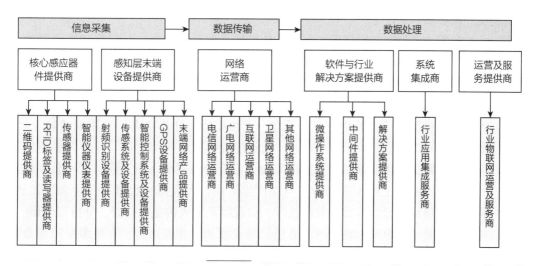

图 7-14 物联网产业链

3. 大数据与云计算、物联网的关系

大数据、云计算和物联网代表了 IT 领域最新的技术发展趋势，三者既有区别又有联系。云计算最初主要包含了两类含义：一类是以谷歌的 GFS 和 MapReduce 为代表的大规模分布式并行计算技术；另一类是以亚马逊的虚拟机和对象存储为代表的"按需租用"的商业模式。但是，随着大数据概念的提出，云计算中的分布式计算技术开始更多地被列入大数据技术，而人们提到云计算时，更多指的是底层基础 IT 资源的整合优化以及以服务的方式提供 IT 资源的商业模式（如 IaaS、PaaS、SaaS）。从云计算和大数据概念的诞生到现在，二者之间的关系非常微妙，既密不可分，又千差万别。因此，不能把云计算和大数据割裂开来作为截然不同的两类技术来看待。此外，物联网也是和云计算、大数据相伴相生的技术。下面总结三者的联系与区别（见图 7 - 15）。

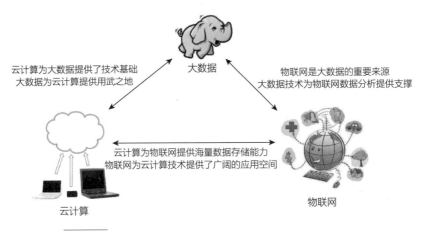

图 7 - 15　大数据、云计算和物联网三者之间的联系与区别

第一，大数据、云计算和物联网的区别。大数据侧重于对海量数据的存储、处理与分析，从海量数据中发现价值，服务于生产和生活；云计算本质上旨在整合和优化各种 IT 资源，并通过网络以服务的方式廉价地提供给用户；物联网的发展目标是实现物物相连，应用创新是物联网发展的核心。

第二，大数据、云计算和物联网的联系。从整体上看，大数据、云计算和物联网这三者是相辅相成的。大数据根植于云计算，大数据分析的很多技术都来自于云计算，云计算的分布式数据存储和管理系统（包括分布式文件系统和分布式数据库系统）提供了海量数据的存储和管理能力，分布式并行处理框架 MapReduce 提供了海量数据分析能力，没有这些云计算技术作为支撑，大数据分析就无从谈起。反之，大数据为云计算提供了"用武之地"，没有大数据这个"练兵场"，云计算技术再先进，也不能发挥它的应用价值。物联网的传感器源源不断产生的大量数据是大数据的重要数据来源，没有物联网的飞速发展，就不会带来数据产生方式的变革，即由人工产生阶段转向自动产生阶段，大数据时代也不会这么快就到来。同时，物联网需要借助于云计算和大数据技术，实现物联网大数据的存储、分析和处理。

可以说，云计算、大数据和物联网三者已经彼此渗透、相互融合，在很多应用场合都可以同时看到三者的身影。在未来，三者会继续相互促进、相互影响，更好地服务于社会生产和生活的各个领域。

扫码看视频

7.3 案例体验

前面介绍的都是基于大数据的应用场景。下面介绍一个天气预报爬取分析的案例，这个案例主要内容为爬取珠海市 2020 年全年的天气信息，并将该信息以 csv 表格形式保存输出。通过该案例，可以初步了解网页的基本架构、网页数据爬取的基本流程及简单的数据清洗和预处理。

7.3.1 案例简介及环境安装

1. 案例简介

大数据分析最核心的就是数据的采集。在数据量庞大的今天，如何高效地获取所需要的数据，并利用这些数据反映最真实的情况，是技术人员不断努力的方向。大数据分析的数据来源有很多，包括公司或者机构的内部来源和外部来源，如图 7-16 所示。

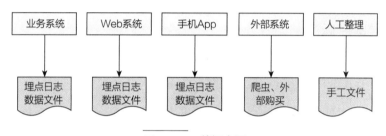

图 7-16 数据来源

在本案例中，主要对 2345 天气预报网站上 2020 年的天气数据进行爬取，爬取的页面如图 7-17 所示，并将爬取到的数据保存成 csv 文件以供后续查询分析，爬取后的结果如图 7-18所示。

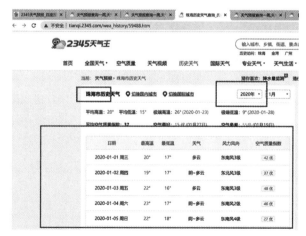

图 7-17 2345 天气预报网站 2020 年珠海市历史天气数据信息

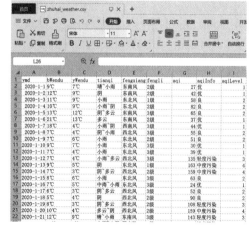

图 7-18 数据爬取结果图

2. 环境要求

1）python3.6 环境；
2）能够访问 Internet；

3）导入所需的库：csv、demjson、requests。

本案例在运行时有上述环境要求，需要在 Python3.6，并且能访问互联网的环境下，导入本案例所需的第三方库（csv、demjson 和 requests）。例如，在 Anaconda 中安装 demjson 库的命令行：pip install demjson（见图 7 - 19），其他第三方库的导入方式基本类似。

```
(py36) C:\Users\HUAWEI>pip install demjson
```

图 7 - 19　在 Anaconda 中安装 demjson 库命令行

其中，csv 库主要用于处理 csv 文件，用于以 csv 的格式读取和写入表格数据。demjson 库和其包含的"jsonlint"脚本提供了编码和解码 JSON 格式数据的方法，以及检查 JSON 数据是否存在错误和/或可移植性问题的方法，对于错误检查或解析可能不是严格有效的 JSON 数据的 JavaScript 数据特别有用。requests 库是 python 实现的最简单易用的 HTTP 库，主要用于处理 http 请求。它的功能很强大，有国际域名和 url 获取、http 长连接和连接缓存等，常用于爬虫、文件下载、漏洞验证等许多业务区。

7.3.2　设定爬取目标

在本案例中，爬取目标是 2020 年的珠海市天气数据，需要获取 2020 年所有月份的列表，在获取 2020 年所有月份之后再进一步去获取每个月的天气数据。

【代码示例】

```
#写入文件
import csv
import demjson
#1 构造 2020 年的月份列表
year = 2020
#2 构造待爬取的 JS 的 URL 列表
todo_urls = []
for month in range(12):
    todo_urls.append('http://tianqi.2345.com/t/wea_history/js/% d% 02d/59488_% d% 02d.js'% (year,month +1,year,month +1))
print(todo_urls)
```

【结果展示】

```
['http://tianqi.2345.com /t/wea_history/js/202001/59488_202001.js',
'http://tianqi.2345.com/t/wea_history/js/202002/59488_202002.js',
'http://tianqi.2345.com/t/wea_history/js/202003/59488_202003.js',
'http://tianqi.2345.com/t/wea_history/js/202004/59488_202004.js',
'http://tianqi.2345.com/t/wea_history/js/202005/59488_202005.js',
'http://tianqi.2345.com/t/wea_history/js/202006/59488_202006.js',
'http://tianqi.2345.com/t/wea_history/js/202007/59488_202007.js',
'http://tianqi.2345.com/t/wea_history/js/202008/59488_202008.js',
'http://tianqi.2345.com/t/wea_history/js/202009/59488_202009.js',
'http://tianqi.2345.com/t/wea_history/js/202010/59488_202010.js',
'http://tianqi.2345.com/t/wea_history/js/202011/59488_202011.js',
```

```
'http://tianqi.2345.com/t/wea_history/js/202012/59488_202012.js']
```

【结果分析】

爬取数据后，结果中输出了 2020 年 12 个月份的 js 文件，可以将任意 js 文件复制到网页中查看数据信息，如图 7 - 20 所示。

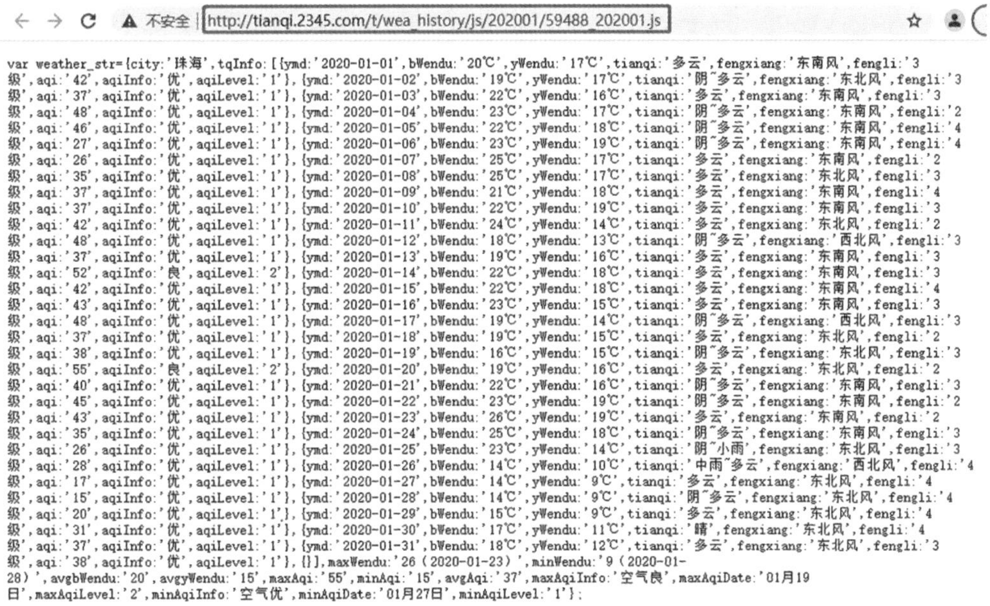

图 7 - 20　步骤一实验结果

7.3.3　批量下载 JavaScript 文件

在爬取到每个月份的天气数据之后，批量下载数据。

【代码示例】

```
datas = []
for url in todo_urls:
    r = requests.get(url)
    if r.status_code! = 200:
        raise Exception()
    #去除多余的"var weather_str = "和";",得到一个 js 格式的 JSON
    data = r.text.lstrip("var_weather_str = ").rstrip(";")
    datas.append(data)
#打印输出第一个月的数据
print(datas[0])
```

【结果展示】

{city: '珠海', tqInfo:

[{'ymd': '2020 - 01 - 01', 'bWendu': '20℃', 'yWendu': '17℃', 'tianqi': '多云', 'fengxiang': '东南风',

'fengli': '3 级', 'aqi': '42', 'aqiInfo': '优', 'aqiLevel': '1'},

{'ymd': '2020 - 01 - 02', 'bWendu': '19℃', 'yWendu': '17℃', 'tianqi': '阴 ~ 多云', 'fengxiang': '东北风',

'fengli': '3 级', 'aqi': '37', 'aqiInfo': '优', 'aqiLevel': '1'}, {'ymd': '2020 - 01 - 03', 'bWendu': '22℃', 'yWendu': '16℃', 'tianqi': '多云', 'fengxiang': '东南风', 'fengli': '3 级', 'aqi': '48', 'aqiInfo': '优', 'aqiLevel': '1'},

... ...

{'ymd': '2020 - 01 - 27', 'bWendu': '14℃', 'yWendu': '9℃', 'tianqi': '多云', 'fengxiang': '东北风', 'fengli': '4 级', 'aqi': '15', 'aqiInfo': '优', 'aqiLevel': '1'},

{'ymd': '2020 - 01 - 28', 'bWendu': '14℃', 'yWendu': '9℃', 'tianqi': '阴~多云', 'fengxiang': '东北风', 'fengli': '4 级', 'aqi': '20', 'aqiInfo': '优', 'aqiLevel': '1'},

{'ymd': '2020 - 01 - 29', 'bWendu': '15℃', 'yWendu': '9℃', 'tianqi': '多云', 'fengxiang': '东北风', 'fengli': '4 级', 'aqi': '31', 'aqiInfo': '优', 'aqiLevel': '1'},

{'ymd': '2020 - 01 - 30', 'bWendu': '17℃', 'yWendu': '11℃', 'tianqi': '晴', 'fengxiang': '东北风', 'fengli': '4 级', 'aqi': '37', 'aqiInfo': '优', 'aqiLevel': '1'},

{'ymd': '2020 - 01 - 31', 'bWendu': '18℃', 'yWendu': '12℃', 'tianqi': '多云', 'fengxiang': '东北风', 'fengli': '3 级', 'aqi': '38', 'aqiInfo': '优', 'aqiLevel': '1'}, {}]

maxWendu: '26(2020 - 01 - 23)', minWendu: '9(2020 - 01 - 28)', avgbWendu: '20', avgyWendu: '15', maxAqi: '55', minAqi: '15', avgAqi: '37', maxAqiInfo: '空气良', maxAqiDate: '01 月 19 日', maxAqiLevel: '2', minAqiInfo: '空气优', minAqiDate: '01 月 27 日', minAqiLevel: '1'};

【结果分析】

成功下载到相应的数据。

7.3.4 JavaScript 解析

对数据进行 JavaScript 解析，解析所有月份的数据，并对数据进行简单的过滤。

【代码示例】

```
demjson.decode(datas[0])
#查阅 key 为 tqInfo 的数据
tqInfos = demjson.decode(datas[0])["tqInfo"]
print(tqInfos)
#解析所有月份的数据
all_datas = []
for data in datas:
    tqInfos = demjson.decode(data)['tqInfo']
#简单的数据过滤,只有{}不解析
    all_datas.extend([x for x in tqInfos if len(x) > 0])
#打印数据长度,结果是366,即:2020 年 366 天的天气数据
print(len(all_datas))
```

【结果展示】

[{'ymd': '2020 - 01 - 01', 'bWendu': '20℃', 'yWendu': '17℃', 'tianqi': '多云', 'fengxiang': '东南风', 'fengli': '3 级', 'aqi': '42', 'aqiInfo': '优', 'aqiLevel': '1'},

{'ymd': '2020 - 01 - 02', 'bWendu': '19℃', 'yWendu': '17℃', 'tianqi': '阴~多云', 'fengxiang': '东北风', 'fengli': '3 级', 'aqi': '37', 'aqiInfo': '优', 'aqiLevel': '1'},

{'ymd': '2020 - 01 - 03', 'bWendu': '22℃', 'yWendu': '16℃', 'tianqi': '多云', 'fengxiang': '东南风', 'fengli': '3 级', 'aqi': '48', 'aqiInfo': '优', 'aqiLevel': '1'},

... ...

{'ymd': '2020 - 01 - 27', 'bWendu': '14℃', 'yWendu': '9℃', 'tianqi': '多云', 'fengxiang': '东北风', 'fengli': '4 级', 'aqi': '15', 'aqiInfo': '优', 'aqiLevel': '1'},

{'ymd': '2020 - 01 - 28', 'bWendu': '14℃', 'yWendu': '9℃', 'tianqi': '阴~多云', 'fengxiang': '东北风', 'fengli': '4 级', 'aqi': '20', 'aqiInfo': '优', 'aqiLevel': '1'},

{'ymd': '2020 - 01 - 29', 'bWendu': '15℃', 'yWendu': '9℃', 'tianqi': '多云', 'fengxiang': '东北风', 'fengli': '4 级', 'aqi': '31', 'aqiInfo': '优', 'aqiLevel': '1'},

{'ymd': '2020 - 01 - 30', 'bWendu': '17℃', 'yWendu': '11℃', 'tianqi': '晴', 'fengxiang': '东北风', 'fengli': '4 级', 'aqi': '37', 'aqiInfo': '优', 'aqiLevel': '1'},

{'ymd': '2020 - 01 - 31', 'bWendu': '18℃', 'yWendu': '12℃', 'tianqi': '多云', 'fengxiang': '东北风', 'fengli': '3 级', 'aqi': '38', 'aqiInfo': '优', 'aqiLevel': '1'}, {}]

366

【结果分析】

成功获取到数据 366 天的天气信息。

7.3.5　将爬取数据存储成 csv 文件

【代码示例】

```python
#将结果写出到 CSV 文件
with open('./zhuhai_weather.csv','w',newline = '',encoding ='utf -8 ')as csv_file:
    writer = csv.writer(csv_file)
    colums = ['ymd','bWendu','yWendu','tianqi','fengxiang','fengli','aqi','aqiInfo','aqiLevel']
    writer.writerow(colums)
    for data in all_datas:
        writer.writerow([data[colum] for colum in colums])
```

【结果展示】

结果如图 7 - 21、图 7 - 22 所示。

图 7 - 21　工程目录　　　　　图 7 - 22　2020 年全年 366 天珠海的天气信息

【结果分析】

在工程目录下出现了一个新的 csv 文件，如图 7 – 21 所示。使用 Excel 打开 csv 文件，输出的 2020 年全年 366 天珠海的天气信息如图 7 – 22 所示。

习　题

一、选择题

1. （多选）大数据已经在众多领域中被应用，下列对大数据应用案例的描述中正确的是（　　）。

    A. 在零售行业可利用大数据开展精准营销、产品推荐、孤苦忠诚度分析等

    B. 在金融行业可利用大数据开展智能决策、客户信用度分析、金融服务创新等

    C. 在交通行业可利用大数据开展交通方案优化、最佳出行路线制定、突发事故处理等

    D. 在互联网行业可利用大数据开展市场动态洞察、社交网络分析、互联网产品创新等

2. （多选）主流的协同推荐算法包括（　　）。

    A. 基于用户的协同推荐   B. 基于商品的协同推荐

    C. 基于关联规则的系统推荐   D. 基于知识推理的协同推荐

3. （多选）大数据在教育领域中的应用，主要指的是（　　）。

    A. 在线决策   B. 学习分析   C. 知识建模   D. 数据挖掘

4. 1MB =（　　）KB。

    A . 1   B . 100   C . 1000   D . 1024

5. 工业大数据的主要应用不包括（　　）。

    A. 设备状态分析   B. 用电分析与预测   C. 工业原料自动分类   D. 自然语言处理

6. 以下哪些是爬虫技术可能存在的风险（　　）。

    A. 大量占用爬取网站的资源   B. 网站敏感信息的获取造成的不良后果

    C. 爬虫干扰了被访问网站的正常运营   D. 以上都是

    E. 无法判断

二、判断题

1. 大数据的价值密度远远大于传统关系型数据库中已有的数据。

2. 深度学习技术离不开大数据技术，因为需要巨大的数据来源进行模型训练。

3. URL 包含的信息指出文件的位置以及浏览器应该怎么处理它，所有互联网上的每个文件都有一个唯一的 URL。

三、思考题

1. 简述大数据的应用场景。

2. 简述大数据的数据特征。

3. 如何实现数据清洗？

第8章
智能机器人项目应用

技能目标

学会智能机器人的操作步骤。

知识目标

了解智能机器人基本概念及其应用场景；了解智能机器人控制算法；熟悉智能机器人动作的实现以及语音交互的实现过程。

素质目标

培养不怕困难、不屈不挠的意志和精益求精的学习态度，探究解决智能机器人动作和语音交互等技术问题；保持对技术问题的敏感性和探究欲望，培养富于想象、敢于表现、勇于创新的个性品质。

8.1 概述与应用场景

8.1.1 智能机器人概述

1. 什么是机器人

机器人是一种配置了各种传感器、传动装置以及核心控制器的智能设备，它能够和外界环境进行互动交互，能够在程序控制或者手动控制下完成负责的工作任务。随着人工智能算法的不断发展，现代机器人都拥有自我学习能力。

2. 世界其他国家机器人发展现状

美国，是世界上最早研究机器人技术的国家，也是世界上第一台工业机器人的诞生地。但美国最初并没有重视机器人技术的发展，特别是20世纪60年代中期，美国国内高失业率和通货膨胀让美国政府对使用机器人更加谨慎。这一时期的美国政府对机器人技术发展采取了冷淡策略：不明确反对，也不表示支持，任由科研机构按照自己的兴趣进行研究。20世纪70年代，美国政府开始意识到机器人的重要性，将研究方向对准了军事、海洋、宇宙等方面，并将机器人软件作为重点研究领域。

网络上流传过一段德国的机器人与乒乓球世界冠军波尔对战的视频，视频的广告语是：Not the best in table tennis, But probably the best in robotics.，由此可见，德国的工业机器人水平是非常高的，视频中的机器人来自德国库卡公司。此外，德国拥有西门子、宝马、奔驰、奥迪等全球领先的制造业巨头。德国以传统制造向智能制造演变的"工业4.0"，与美国以互联网整合制造业资源的"工业互联网"，二者在终极目标上是一致的，只不过实现路径因国情而有所差异。

日本，虽然人多地少、资源匮乏，但日本拥有丰田、本田、三菱、富士重工、川崎重工等世界知名的优秀制造企业。同时，日本的工业机器人产量和装机量也长期位居世界第一。在全球四大工业机器人企业中，安川、发那科都来自日本。此外，日本基本垄断了全球精密减速器、伺服电机等机器人核心零部件的生产技术。

法国的制造业比较发达，在汽车、钢铁、航空航天、核电等领域都拥有较强的实力。但受欧债危机的影响，法国经济一直低迷。

英国虽然是欧洲大国和世界强国，但在机器人开发技术方面长期落后于其他国家。在欧洲众多技术发达国家中，英国应用机器人的发展速度最慢，远远落后于德国、法国。

欧盟经济实力雄厚，工业发达，除了德国、法国以外，瑞士、荷兰、奥地利等国也有较强的机器人制造实力。瑞士的ABB是全球四大工业机器人企业之一；荷兰的飞利浦照明、家电产品享誉世界；奥地利的内燃机和重卡技术也是相当先进。

韩国，是全球制造业较为发达的国家之一，在造船、汽车电子、化工钢铁等领域具有全球重要地位。但近年来，在不断崛起的中国制造业以及逐渐复苏的日本制造业的夹击下，韩国制造增长乏力，面临竞争力下滑的挑战。

3. 我国机器人发展现状

从技术现状看，近年来我国机器人技术水平取得了较大进步，但总体水平与发达国家仍有一定差距。在工业机器人领域，差距主要凸显在：机器人软件、智能感知、系统集成等方面。在服务机器人领域，差距主要凸显在：原创性技术研究方面。

从产业现状看，目前我国机器人产业链条已经基本形成，一线城市涌现出一批优秀企业，在各领域的中低端市场有一定竞争力，并正在向高端市场挺进。

从市场现状看，我国工业机器人市场销量的复合增长率已经超过32%，销量约占全球总销量的四分之一，连续几年成为全球第一大工业机器人市场。

8.1.2　机器人发展史

公元前420年，Archytas of Tarentum（塔伦通的阿契塔）发明了一个木制的鸽子，可以以蒸汽或压缩空气为动力飞行。

公元10~70年，Heron of Alexandria（亚历大山的赫伦）改进了克特西比乌斯的工作，参与了第一台蒸汽机的设计，设计出了一种由水力驱动的自动装置。

1839年，Sir William Grove（威廉·格罗夫爵士）发明了第一个燃料电池。

1896年，Herman Hollerith（赫尔曼·霍尔瑞斯）成立了制表机器公司，后更名为IBM。

1958年，Jack Kilby（杰克·基尔比）生产第一个集成芯片，这是电子学领域的重要发明。

1966年，Niklaus Wirth（尼古拉斯·沃斯）开发了Pascal语言，成为当时风靡全球、最受欢迎的语言之一。

1973年，Edinburgh University（爱丁堡大学）人工智能系发明了弗雷迪，这台机器人能够在16分钟内把一堆混乱的零件装配成一辆木制玩具汽车。

1998年，NASA发射深空一号，这是具有人工智能的太空飞船，用来进行测试和新科技实验任务。

2005年，Brian Scassellati（布莱恩·萨瑟拉提）发明了Nico（尼克）机器人，设计用来识别自身零件和运动。这台机器人具有 1 岁儿童的智力和自我意识水平，这在以往设备中从未做到过。

2012 年，Tecnalia 研究院开始致力于改编川田工业 Hiro 机器人，用于与欧洲产业工人一起工作，目的是让机器人能够与人一起工作，而不是待在笼子中。

2012 年，SpaceX 公司成为第一个为国际空间站发射和回收机器人太空舱（龙号）的私人公司。

8.1.3　机器人分类及应用

我国一般将机器人分为三大类：工业机器人、服务机器人、特种机器人。下面依次简单介绍。

工业机器人是一种用于工业自动化生产的可自动控制、可反复编程的多轴操纵器。现广泛应用于汽车制造、电子电气、塑料加工、机械加工、食品及化工等行业生产中。根据用途不同，工业机器人又可分为：焊接机器人（点焊机器人/弧焊机器人/切割机器人）、塑形机器人（打磨机/锻造机）、装配机器人（组装机/包装机）、搬运机器人（自动牵引车/码垛机/分拣机）、喷绘机器人等。

服务机器人是一种能够为人类提供服务的半自主或全自主机器人。它是目前应用前景最广阔的一类机器人。根据使用场景不同，服务机器人又可分为：家庭服务机器人（陪护机/收纳机/清洁机/烹饪机）、娱乐休闲机器人（写字机/乒乓机/舞蹈机）、教育教学机器人、公共服务机器人（垃圾搜集/城市管理/机器服务/自动驾驶汽车）、助残康复机器人（机械外骨骼/机械假肢/意念控制）、仿人机器人（高仿人形机器人/多功能人形机器人/生化机器人/场地机器人）。

特种机器人是指能够在医疗手术、危险环境、外太空、深海、战场等极端特殊环境中为人类提供专业服务的机器人。常见的特种机器人有：医疗机器人（骨科手术/软组织手术）、安防机器人（消防机器人/救援机器人/巡检机器人）、太空机器人（太空机械臂/太空车）、水下机器人、军用机器人（战斗车/无人机）、仿生机器人（鱼类仿生/鸟类仿生/昆虫类仿生/多足仿生）。

8.2　智能机器人的技术实现

8.2.1　控制算法

要让机器人安全自主地完成特定工作任务，就需要程序能够实现对机器人的"精准控制"与"精准定位"。

1. 机器人的运动控制

舵机和电机是机器人的动力来源，控制机器人本质上就是控制机器人机体内的舵机和电机。下面以数字舵机为例，重点介绍：舵机的基本概念、舵机的基本控制原理、微分控制算法。

1）舵机的基本概念。舵机是由直流电机、减速齿轮组、传感器和控制电路组成的一套自动控制系统，将所接收到的电信号转换成电动机轴上的角位移输出。舵机通常有最大旋转角度，比如 180°。舵机并不能像普通直流电机一样一圈圈转动，只能在一定的角度内转动。当有控制信号时，舵机就会转动，并且转速大小正比于控制电压的大小。当去掉控制电压后，舵机就会立即停止转动。舵机的组成如图 8-1 所示。

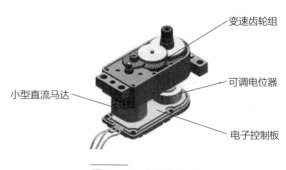

图 8-1　舵机的组成

2）舵机的基本控制原理。控制信号由接收机的通道进入信号调制芯片，获得直流偏置电压。内部有一个基准电路，产生周期为 20ms、宽度为 1.5ms 的基准信号，将获得的直流偏置电压与电位器的电压比较，获得电压差输出。最后，电压差的正负输出到电机驱动芯片决定电机的正反转。当电机转速一定时，通过级联减速齿轮带动电位器旋转，使电压差为 0，电机停止转动。

舵机的控制信号一般是一个周期为 20ms 的脉冲，其中的正脉冲宽度通常是 500μs 到 2500μs。以最大旋转角度为 180° 的舵机为例，500μs 的正脉冲宽度对应为 0°，1000μs 的正脉冲宽度对应 45°，1500μs 的正脉冲宽度对应为 90°，2000μs 的正脉冲宽度对应的是 135°，2500μs 的正脉冲宽度对应 180°。

3）微分控制算法。在求圆面积的时候，常常仿照切西瓜的方式，将圆分割成无数个小扇形，将无数个小扇形拼成一个长方形，圆的面积就等于无穷个小扇形面积的和，也等于长方形的面积，如图 8-2 所示。在控制舵机的过程中的微分算法，也采用了这种无穷分割的思想。

舵机的角速度是一定的，假设角速度为 ω_0，那么舵机从 0° 转到 180° 所需的时间 t_0 就为 $180/\omega_0$。当需要将舵机的角速度降低一半时，只需将舵机从 0° 转到 180° 的时间扩大一倍为 $360/\omega_0$ 即可，如图 8-3 所示，高位表示舵机转动，低位表示舵机停顿。

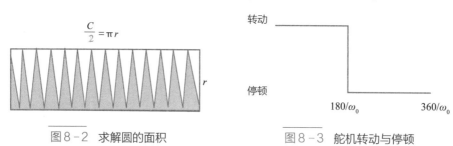

图 8-2　求解圆的面积　　　　　　图 8-3　舵机转动与停顿

这样，就会发现当舵机运动时间到 $180/\omega_0$ 时，舵机运动就达到了 180°，并且开始停顿。当将整体时间分为 4 个 $90/\omega_0$ 时，舵机的转动就会平缓许多。将这整个时间分为无数块转动时间和停顿时间的交叉组合，舵机将以角速度 $\omega_0/2$ 做匀速转动。这就是使用的微分算法的一个思想，改变舵机转动的角速度，同时使转动变得平滑。

2. 机器人的定位导航

机器人的室外定位可使用 GPS 或北斗，但在室内这个问题就变得复杂很多。为了实现室内导航，各种技术不断涌现，其中 SLAM（Simultaneous Localization and Mapping）是目前相对比较成熟且被广泛使用的一种室内定位技术。

1）SLAM 理论算法基础。SLAM 可以描述为：机器人在未知的环境中从一个未知位置开始移动，移动过程中根据位置估计和地图进行自身定位，同时建造增量式地图，实现机器人的自主定位和导航。

想象一个盲人在一个未知的环境里，如果想感知周围的大概情况，那么他需要伸展双手作为他的"传感器"，不断探索四周是否有障碍物。当然这个"传感器"有量程范围，他还需要不断移动。同时在心中整合已经感知到的信息。当感觉新探索的环境好像是之前遇到过的某个位置，他就会校正心中整合好的地图，同时也会校正自己当前所处的位置。当然，作为一个盲人，感知能力有限，所以他探索的环境信息会存在误差，而且他会根据自己的确定程度为探索到的障碍物设置一个概率值，概率值越大，表示这里有障碍物的可能性越大。一个盲人探索未知环境的场景基本可以表示 SLAM 算法的主要过程。这里不详细讨论 SLAM 的算法实现，只对算法思想和概念做一个基本介绍。

2）SLAM 常用传感器。要实现 SLAM 和自主导航，机器人首先要有感知周围环境的能力，尤其是要有感知周围环境深度信息的能力。目前获取深度信息主要依靠激光雷达和摄像头。激光雷达的优点是精度高、响应快、数据量小，可以完成实时 SLAM 任务；缺点是成本高，一款进口高精度单线激光雷达价格在

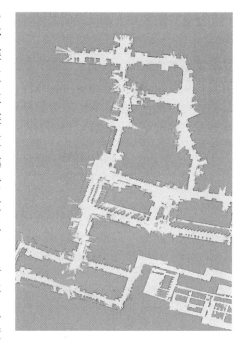

图 8-4　激光雷达构建室内场景导航地图

一万元以上。图 8-4 是使用激光雷达构建的 4 万平方米室内场景导航地图。

8.2.2　动作的实现

舵机和电机是机器人的动力来源，也是机器人的活动关节，每一个数字舵机就相当于机器人的一个关节。通过对舵机和电机的控制，就可以让机器人完成各种复杂动作。但机器人通常是由多个关节构成的，如果按照单舵机的控制方法依次控制每个舵机，机器人的动作就会显得非常僵硬，甚至根本无法完成预想的动作。如果要让机器人非常自然平滑地完成动作，那就需要了解和掌握多舵机的控制方法。下面，以 2 个舵机控制为例，重点介绍多舵机的控制方法以及软件实现。

1. 原理简介

首先要知道的一点就是舵机速率是一定的，不可控制。要完成两个舵机不同速率的转动，需要采用了一个微分算法，其实就是延时，降低一个或者多个舵机的转动速率。

先举个例子。假设 1 号舵机要从 0°转到 180°，同时 2 号舵机要从 0°转到 90°。如果不做任何处理，那么当 1 号、2 号舵机同时转到 90°时，2 号舵机就不转了，1 号舵机继续转动到180°。这样就会导致机器人难以完成许多动作。假设舵机直接从 0°转到 180°的时间是 t，那么 2 号舵机实际转动时间就是 $t/2$，暂停时间是 $t/2$。如果将整个时间 t 分成 n 份，每次先让

舵机转动 t/2n，然后再暂停 t/2n。当 n 足够大时，舵机就可以按照以原来二分之一的角速度匀速转动，从而达到控制舵机转速的目的。

2. 软件设计

按照前面所提及的例子，时间份数 n 应该尽可能大，这样才会使舵机转动得更加均匀。但由于实际情况下，舵机的控制时间是 2.5ms，那么分成的最小时间块的长度就不能小于 2.5ms。

在本次代码中，设置一个动作完成时间（舵机从目前角度转到目标角度的时间，时间可以自己设置）是 1s，那么时间份数，也就是微分次数就是 NeedCount = 1000 × 2/5（1000 除以 2.5）。每一次装载的 PWM 对应的角度为当前角度加上动作角度差的 NeedCount 分之一，从而实现舵机的近似匀速转动。微分代码如下。

```
-----------代码清单 8.2 -1-------------
void DwmHandleValueLoad(void)
{
    static unsigned char dghNum = 0;   //用于加载新动作值
    int j;
    if(IsActionFlishFlag = = 1)   //完成目前动作
    {
        /*
        * 计算下轮的 NeedNum 和 Dpwm
        * /
        NeedCount = 1000 * 2/5;//计算出下轮需要的积分次数
        for(j = 0; j < 2; j + +)
        {
            if(dghNextData[j] > dghData[j])
            {
                Dp = dghNextData[j] - dghData[j];
                Dpwm[j] = Dp/NeedCount;
            }
            if(dghNextData[j] < = dghData[j])
            {
                Dp = dghData[j] - dghNextData[j];
                Dpwm[j] = Dp/NeedCount;
                Dpwm[j] = -Dpwm[j];
            }
        }
        IsActionFlishFlag = 0;
    }
    if(IsActionFlishFlag = = 0)   //继续当前动作
    {
        /*
        * 装载下轮定时器需要的 PwmValue 数值
        * /
```

```
if(RunOverFlag = = 1)  //运行完当前动作一组数据
{
  if(HaveCount >NeedCount)
  {
    HaveCount = 0;
  }
  if((NeedCount - HaveCount)<2)//判断一个动作是否趋近结束
  {
    switch(dghNum)    //动作结束加载新动作
    {
      case 0:
        dghNum + +;
        dghNextData[1]=2400;
        dghNextData[2]=1500;
      break;
      case 1:
        dghNum + +;
        dghNextData[1]=600;
        dghNextData[2]=2400;
      break;
      case 2:
        dghNum + +;
        dghNextData[1]=2400;
        dghNextData[2]=1500;
      break;
      case 3:
        dghNum =0;
        dghNextData[1]=600;
        dghNextData[2]=600;
      break;
    }
    for(j = 0;j < 2;j + +)
    {
    dghTime[j] = dghNextData[j];//并且直接过渡到目标位置
    }
    IsActionFlishFlag = 1;
    HaveCount = 0;
  }
  else
  {
    for(j = 0;j < 2;j + +)    //加载当前动作的下一组数据
    {
      dghTime[j] = dghData[j] + HaveCount * Dpwm[j];
    }
```

```
      }
      RunOverFlag = 0;
    }
  }
}
```

上述代码中，通过 if((NeedCount − HaveCount)<2) 来判断一个动作是否趋近结束，这个语句中的 2 是代表这 2 个舵机。这是由于定时中断是依次控制 2 个舵机，先完成第一个舵机在 2.5ms 内的电平控制，再控制第二个舵机在 2.5ms 内的电平，当所有舵机控制完，才会载入下一组数据。

8.2.3　语音交互的实现

语音识别从技术实现上总的来说可分为离线语音识别和联网语音识别。下面分别举例给出实现过程。

1. 离线语音识别（机器声音学习）

下面从语音采样、训练模型、测试这三个步骤进行详细介绍。

【语音采样】

这里我们使用 Ai9 机器人主控器的上位机，利用里面的机器学习 – 语音识别软件。该软件主要功能是通过采集声音样本，然后训练成对应的声音模型，最后录入测试声音进行测试，匹配到对应的声音样本输出结果。

1）设置语音识别样本名称。如图 8 – 5 所示，打开机器学习 – 语音识别软件，并配置好需要识别的样本名称，样本名称分别取名为："背景噪声""人工智能""大数据"。

2）采集"背景噪声"声音样本。如图 8 – 6 所示，打开麦克风长按按钮，采集"背景噪声"声音样本。

图 8 – 5　设置语音识别样本名称

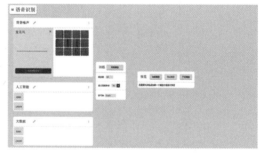

图 8 – 6　采集"背景噪声"声音样本

3）采集声音样本。如图 8 – 7 所示，长按按钮并对着麦克风不断重复说"人工智能"，采集"人工智能"声音样本。

4）重复采集声音样本。如图 8 – 8 所示，长按按钮并对着麦克风不断重复说"大数据"，采集"大数据"声音样本。

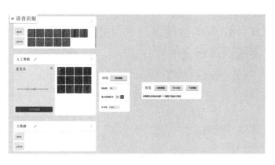
图 8-7　采集声音样本

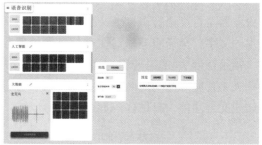
图 8-8　重复采集声音样本

【训练模型】

如图 8-9 所示，单击"开始训练"按钮，开始训练前面采集的声音样本。

【测试】

1）无语音输入测试。如图 8-10 所示，不对麦克风说话时，预测结果识别的是"背景噪声"。

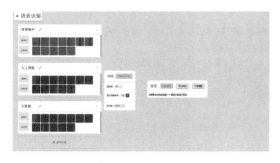
图 8-9　开始训练

图 8-10　无语音输入测试

2）语音输入测试。如图 8-11 所示，对麦克风说"人工智能"，预测结果识别的是"人工智能"。

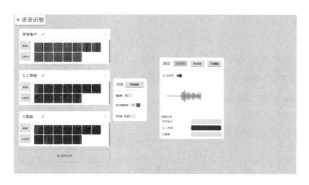
图 8-11　语音输入测试

2. 联网语音识别（百度 AI）

联网语音识别主要是使用百度 AI 开源的语音识别技术，通过百度 AI 的语音识别 API 将音频文件转成相对应的文字传输到屏幕上显示或者达到与机器互动的目的。

联网语音识别主要分三个步骤，首先从终端录制声音，并将音频文件传输至服务器，然后服务器与百度语音识别 API 进行交互，将音频文件作为参数传递过去并返回音频文件中识别出的文字，最后服务器对文字信息做处理并对终端返回相应的操作。

使用百度 AI 的语音识别 API 需要以下步骤：首先进入百度智能云官网注册并登录，然后选择人工智能产品下的短语音技术模块，创建应用，并根据技术文档中的 Demo 实现音频文件转成文字功能。具体代码如下。

```java
----------代码清单 8.2-2------------
public String transformTxtFromVideo(File file) throws IOException,
DemoException {
    // 填写网页上申请的 appkey 如
    $ apiKey = "g8eBUMSokVB1BHGmgxxxxxx"
    String APP_KEY = "kVcnfD9iW2XVZSMaLMrtLYIz";
    //填写网页上申请的 APP SECRET 如
    $ SECRET_KEY = "94dc99566550d87f8fa8ece112xxxxx"
    String SECRET_KEY = "O9o1O213UgG5LFn0bDGNtoRN3VWl2du6";
    String URL = "http://vop.baidu.com/server_api"; //可以改为 https
    String SCOPE = "audio_voice_assistant_get";
    //文件格式,支持 pcm/wav/amr 格式,极速版额外支持 m4a 格式
    String FORMAT = file.getName().substring(file.getName().length() - 3);
    FileInputStream is = null;
    byte[] content = null;
    String result = null;
    try {
        //获取文件内容
        is = new FileInputStream(file);
        content = ConnUtil.getInputStreamContent(is);
        TokenHolder holder = new TokenHolder(APP_KEY, SECRET_KEY,
        SCOPE);
        holder.resfresh();
        String token = holder.getToken();
        String speech = base64Encode(content);
        JSONObject params = new JSONObject();
        params.put("dev_pid", 1537);
        params.put("format", FORMAT);
        params.put("rate", 16000);
        params.put("token", token);
        params.put("cuid", "1234567JAVA");
        params.put("channel", "1");
        params.put("len", content.length);
        params.put("speech", speech);
        HttpURLConnection conn = (HttpURLConnection) new
        URL(URL).openConnection();
        conn.setConnectTimeout(5000);
```

```
        conn.setRequestMethod("POST");
        conn.setRequestProperty("Content-Type", "application/json;
        charset=utf-8");
        conn.setDoOutput(true);
        conn.getOutputStream().write(params.toString().getBytes());
        conn.getOutputStream().close();
        result = ConnUtil.getResponseString(conn);
    } finally {
        if (is != null) {
            try {
                is.close();
            } catch (IOException e) {
                e.printStackTrace();
            }
        }
    }
    return result;
}
```

8.3　案例体验

8.3.1　项目要求

项目一：设计一款具有人工智能通用识别能力的智能移动机器人，通用识别能力包括：形状颜色识别、图码识别、视觉灰度寻线、视觉颜色寻线、人脸识别及标记、离线手势识别、机器图像学习、机器声音学习、联网识别等。

项目二：使用激光雷达构图，配置服务导航机器人，让机器人能够自主完成避障、人机交互聊天、导航指引。

项目三：设计并组装一个 17 自由度的人形机器人，通过微分算法，让机器人能够平滑自然地完成俯卧撑、街舞等动作。

8.3.2　方案设计

1. 项目一方案设计

下面从主控器选择、传感器及动力系统选择、结构系统设计这 3 个方面进行详细介绍。

1）主控器选择。结合项目要求可知，所需要设计或选定的机器人主控器至少要有两个电机驱动接口（机器人左右脚），以便驱动电机来带动机器人行走或者移动。在此基础上，机器人主体结构可设计成直立型或者爬行型。对于直立型主体结构的机器人来说，主控器本身需要有姿态传感器，或者外置的姿态传感器接口，以便随时获取当前机器人的姿态数据。除了保证机器人的左右脚能够正常行走或移动以外，还应配合相对复杂的闭环控制算法以保持机器人的身体正常地站立，这很有可能要求机器人主控器拥有驱动舵机的能力。对于爬行型机器人来说，只需要着重关心机器人行走和转向的能力。双电机加万向轮、四个电机加转向结构都是不错的选择。其中双电机加万向轮的结构组合转向能力尤其出众，但是对搭建的结构整体要求比较高，例如重心一定要低且处于整体结构的对称中心处。而四电机加转向结构的组合也有额外的舵机驱动能力要求。

因此，要设计或选定的机器人主控器应该尽可能满足要求——至少两个电机驱动接口、舵机驱动能力、带有姿态传感器。在进行项目要求的人工智能通用识别时，还应要求主控器带有摄像头接口、麦克风以及喇叭。综上所述，推荐一款通用的机器人主控器，如图 8 - 12 所示。

图 8 - 12   机器人主控器

此机器人主控器一共带五个电机驱动接口、五个传感器/舵机驱动接口、两个 2.0 USB 接口、一个 3.0 接口、两个 MiniHDMI 接口、一个高清视频接口（HDMI）。该主控器电机和舵机的驱动接口远远满足项目的需求，USB 接口可供外接 USB 摄像头模组，并且两个 mini hdmi 接口也是非标的 2.0 USB 接口。此外该机器人主控器内置六轴传感器，可方便地获取主控器本身的姿态数据。而且它还带有 5 寸触摸屏，内置麦克风和喇叭，带 WiFi/蓝牙功能，非常方便进行人机交互的各种操作。

总而言之，该机器人主控器资源丰富、功能强大，可满足多种不同的设计方案的需求。

2）传感器及动力系统选择。传感器应结合项目需求设计或者选定型号。例如，要进行形状颜色识别、图码识别、视觉灰度寻线、视觉颜色寻线、人脸识别及标记、离线手势识别、机器图像学习时必须要用到视觉模组（摄像头）。在进行机器声音学习时需要用到麦克风，如选定上文推荐的主控器则可以使用其内置的麦克风，或者另外设计或选择一款 USB 声卡用于音频信号采集。在进行联网识别时需要用到 WiFi 功能，如果主控器不带板载的 WiFi 模组，则需要另外设计外置的 WiFi 模块。在进行识别实验的过程中，还需要一些帮助理解识别结果的反馈传感器，例如喇叭、LED 灯板、OLED 显示模块灯。同时可能还需要一些用于做触发信号的传感器，例如开关按键等。当然，使用上文推荐的主控器时，一个触摸屏就可以实现了。

此外，考虑到机器人的动力需求，还应使用到电机、舵机模块。以下是可供参考的传感器。

①大型伺服电机。如图 8 - 13 所示，大型伺服电机推荐使用与主控器配对使用的伺服电机，该电机由 DC - 9V 供电，最高转速达每分钟 180 转，旋转扭矩为 25N/cm。

②单总线舵机。如图 8 - 14 所示，单总线舵机推荐使用与主控器配对使用的舵机模块，主控器可通过 IIC 总线对舵机模块进行控制。

③视觉模组。如图 8 - 15 所示，视觉模组推荐使用与主控器配对使用的视觉模组，支持 USB 接口和 MiniHDMI 接口，分辨率为 1080P。

图 8 - 13   大型伺服电机

图 8 - 14   单总线舵机

图 8 - 15   视觉模组

3）结构系统设计。依据选择的主控器和传感器特性，按照最终要实现的项目功能要求，设计并拼搭出满足项目功能要求的机体结构。图 8-16 所示为机体结构外形。

图 8-16 机体结构外形

2. 项目二方案设计

根据项目要求，可选用带有开源一线雷达底盘的服务导航机器人，如图 8-17 所示，通过二次开发和配置，可完成需求。

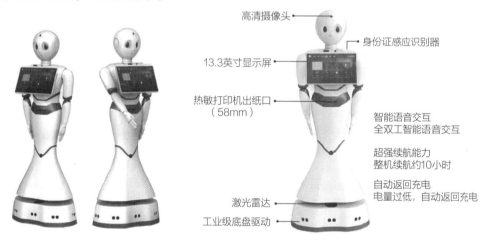

高清摄像头

身份证感应识别器

13.3英寸显示屏

热敏打印机出纸口
（58mm）

智能语音交互
全双工智能语音交互

超强续航能力
整机续航约10小时

自动返回充电
电量过低，自动返回充电

激光雷达

工业级底盘驱动

图 8-17 服务导航机器人

3. 项目三方案设计

根据项目要求，可选用 17 个数字舵机搭配一套机体外壳，如图 8-18 所示，先进行手动组装成人形形态，然后使用带有 32 位 MCU 或 MPU 的主控板通过 C 语言编程完成 17 个舵机的组合控制。

8.3.3 实验步骤

1. 项目一实验步骤

这里采用多自由度人形双足街舞机器人，该机器人使用 17 个双轴数字舵机作为关节驱动和 1 个微机板作为舵机的驱动控制，通过动作编排可以做出各种复杂的动作。

1）离线视觉灰度寻线。实验过程：机器人打开"视觉灰度寻

图 8-18 多自由度机器人

线"模式，用摄像头对准地图上的黑色线条。如图 8 - 19 所示，只关注并处理方框内的图像数据，图像上显示的两个数字分别是第一行（方框的上边界）黑线的中点坐标和最后一行（方框的下边界）黑线的中点坐标。

2）离线视觉颜色寻线。实验过程：机器人打开"视觉颜色寻线"模式，用摄像头对准地图上的黑色线条。对于颜色寻线来说，为了更好地预判黑线的走向趋势，可以在屏幕上三等分地选取三个区域（屏幕上的三个框）进行处理。在每一个框内，通过算法筛选出合适颜色的区域（示例是寻找黑色区域），并将其中心位置的横坐标提取出来显示在屏幕上，如图 8 - 20 所示。

3）离线二维码识别及内容提取。实验过程：机器人打开"二维码识别"模式，用摄像头对准已生成好的二维码（这里二维码填充的内容为"人工智能"），如图 8 - 21 所示。实验结果：识别到二维码，框出二维码位置，并展示二维码内容信息"人工智能"。

图 8 - 19　"视觉灰度寻线"模式　　　图 8 - 20　"视觉颜色寻线"模式　　　图 8 - 21　"二维码识别"模式

4）离线人脸识别及标记。实验过程：①机器人打开"人脸识别"模式，用摄像头对准一张人脸（这里选用爱因斯坦），如图 8 - 22 所示。②当框出人脸的位置时，单击"面部识别"按钮，然后在"Add Face"弹框中给标记好的人脸命名（爱因斯坦），然后单击"确定"按钮，如图 8 - 23 所示。③用摄像头对着相同的人脸（爱因斯坦）。

实验结果：识别到已标记的人脸（爱因斯坦）和相似度，如图 8 - 24 所示。

图 8 - 22　"人脸识别"模式　　　图 8 - 23　面部识别　　　图 8 - 24　相似度检测

5）离线手势识别。实验过程：机器人打开"手势识别"模式，用摄像头对准手势（这里手势是三）。实验结果：识别到手势的内容，如图 8 - 25 所示。

6）离线形状颜色识别。实验过程：①机器人打开"形状颜色识别"模式，并设置识别红色，用摄像头对准红色方块。②机器人打开"形状颜色识别"模式，并设置识别蓝色，用摄像头对准蓝色方块。

实验结果：①设置识别红色时，框出了红色方块，如图 8 - 26 所示。②设置识别蓝色时，框出了蓝色方块，如图 8 - 27 所示。

图 8-25　"手势识别"模式　　　图 8-26　识别红色方块　　　图 8-27　识别蓝色方块

7) 机器图像学习。实验过程：①在 PC 端打开"机器学习 - 图像分类"软件，并连接摄像头。配置要训练的模型名称，这里填写"眼镜"和"遥控器"，如图 8-28 所示。②采集"眼镜图片"样本。单击"摄像头"按钮，选择已连接的摄像头，长按"长按采集图像"按钮采集"眼镜图片"样本，如图 8-29 所示。③采集"遥控器图片"样本。单击"摄像头"按钮，选择已连接的摄像头，长按"长按采集图像"按钮采集"遥控器图片"样本，如图 8-30 所示。④训练模式：单击"训练模型"按钮开始训练，如图 8-31 所示。⑤下发到机器人中。训练完成以后，单击"下发模型"按钮，输入文件名称（这里填写 imgv），选择设备，下发文件，如图 8-32 所示。⑥在机器人端打开"机器学习 - 图片分类"模式，选择刚刚训练并下发的模型（imgv）。

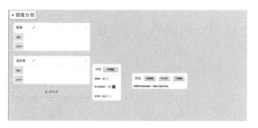

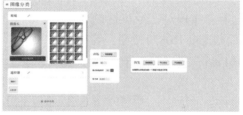

图 8-28　设置训练模型名称　　　　　　图 8-29　采集"眼镜图片"样本

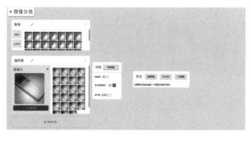

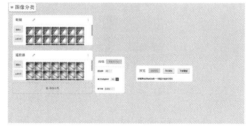

图 8-30　采集"遥控器图片"样本　　　　图 8-31　训练模型

图 8-32　下发模型

实验结果：①当机器人上的摄像头对着遥控器时，在屏幕的左下角可以看到遥控器的匹配相似度高达99.98，如图8-33所示。②当机器人上的摄像头对着眼镜时，在屏幕的左下角可以看到眼镜的匹配相似度高达100，如图8-34所示。

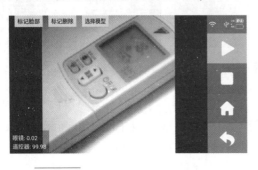
图8-33　"遥控器图片"实验结果

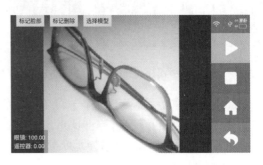
图8-34　"眼镜图片"实验结果

2. 项目二实验步骤

1）设置WiFi。打开安卓设置，连接场地中一个可用WiFi，但是需要注意所选WiFi的名称和密码不能包含中文、空格以及特殊字符。特殊字符是指输入法英文模式下的中括号、大括号、逗号、冒号、分号、反斜杠和 $ 。

2）连接ROS。打开系统中FTP App，服务导航机器人的WiFi设置如图8-35所示，具体实现过程：①核对已经连接的WiFi名称。②输入WiFi的密码。③在触摸屏上单击"发送WiFi信息连接ROS"按钮，等待连接完成。④显示"connect success"则表示连接成功。⑤连接成功以后，显示服务导航机器人的IP地址。

图8-35　服务导航机器人WiFi设置

3）通过网页控制机器人构图。选择一台计算机，并连接到服务导航机器人的WiFi。此时计算机与机器人处于同一局域网下。在计算机上打开网页，按如下步骤操作。①输入服务导航机器人的IP地址。②单击建图模式并选择"激光建图"。③使用此处的按钮或者计算机键盘方向键控制机器人建图。通过网页控制机器人构图如图8-36所示。

进入"建图模式"后机器先原地转一圈扫描周围的特征点，转动的时候速度不要太快。转完一圈后即可控制机器继续扫描其他地区。在狭窄区域可控制机器人走直线，空旷区域则需要按照U型路线扫描（狭窄区域和空旷区域构图如图8-37和图8-38所示）。在扫描过程中如遇到有缺口的地方，需原地缓慢转动机器90°，面向缺口扫描特征点，再缓慢转回去继续扫图。

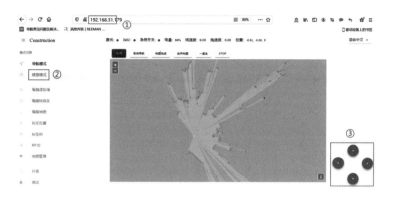

图 8-36　通过网页控制机器人构图

图 8-37　狭窄区域构图

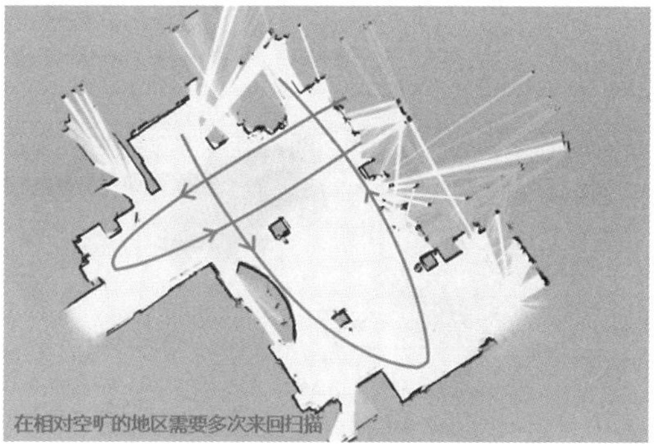

图 8-38　空旷区域构图

在控制机器人构图的过程中，要随时注意激光雷达扫描到的地图特征是否与实际地形匹配，若不匹配（见图 8-39），则需要停下来等待两者匹配，再接着继续扫描；若激光雷达扫描特征与地形匹配（见图 8-40），则继续进行新的扫描，当扫描完成以后，单击地图上方的"完成构图"按钮即可保存地图。

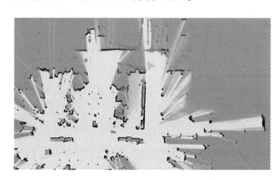

图 8-39　激光雷达扫描到的地图特征与地形不匹配

图 8-40　激光雷达扫描到的地图特征与地形匹配

4）位置标定。位置标定用于为业务层提供可到达的目标点。单击地图左侧的"标定位置"按钮，切换到位置标定界面。位置标定是在上一步新建好的地图的基础上标定的，如图 8-41 所示。在标定位置时需要注意标定点不应太靠近障碍物，如图 8-42 所示的示例中，左图标定的位置不合理。

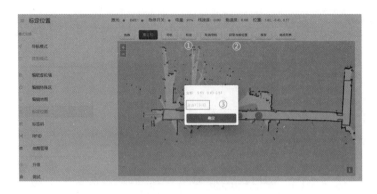

图8-41 位置标定

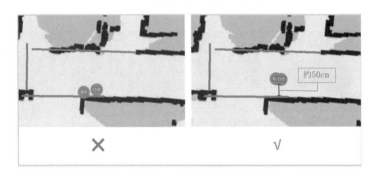

图8-42 标定点的设置

5) 后台管理。在浏览器输入后台管理网址：www.rmbot.cn，输入账号密码，单击登录。首先申请一个应用ID，单击业务管理，选择应用管理，如图8-43所示。然后填写需要新增的导航点，如图8-44所示。单击"新增"按钮，跳转到如图8-45所示界面，按要求填写相关信息。

图8-43 应用管理

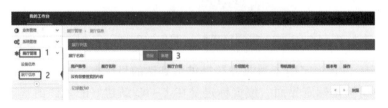

图8-44 新增导航点

图 8-45　新增导航点具体信息

新增一个"水利"展厅的导航点。具体操作步骤如下：①单击"展台管理"编辑展厅导航地点，如图 8-46 所示。②单击"新增"按钮，新增一个地点。③编辑需要新增的地点信息，如图 8-47 所示。

图 8-46　新增"水利"展厅导航点

图 8-47　新增"水利"展厅具体信息

图 8-47 所示的地点信息编辑界面中，地点的 x 坐标、y 坐标、角度信息可以通过标定位置界面获取，如图 8-48 所示。

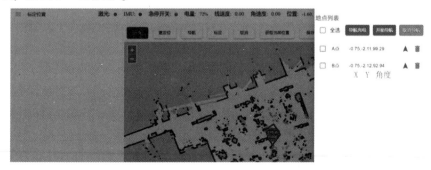

图 8-48　获取 x 坐标、y 坐标、角度信息

单击站台分配，配置连续导航的路线信息，x 坐标、y 坐标、角度信息。

接下来需要新增一个自定义的知识库。单击"业务管理"，选择知识库管理，新增一个知识库，如图 8-49 所示。

图 8-49　新增知识库

这里新增一个名为"大福"的知识库，单击"语料管理"，如图 8-50 所示。

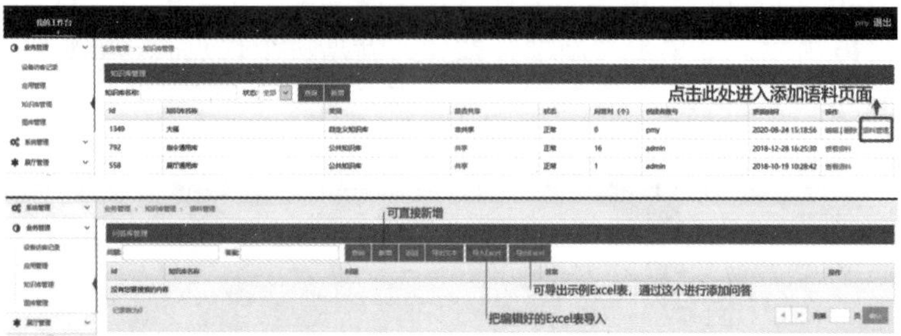

图 8-50　语料管理

单击"新增"按钮，新增一条知识库功能语料信息，如图 8-51 所示。

图 8-51　新增语料信息

语料问答规则如下：①普通对话。当和机器人交互时，机器人识别到跟问题一样的内容时，就会按照预先设定的答案回答。注意对话的问题可以用通配符（%）进行强制匹配。②触发展厅介绍的对话。该类型对话问题与普通对话一致，但是答案需要以"start_show_"开头，加上所需要添加的介绍词。当我们和机器人交互并触发该类型的对话时，机器人将按照上文中配置的展台信息依次导航。③触发单独导航的对话。同样，该类型对话问题与普通对话一致，答案需要以"navigation_"开头，后面加上想要导航的展厅中的地点名称。④自动充电与对话充电设置。该类型语料只需要答案配置以"charge_充电桩"即可。

6）App 的使用。打开机器上的展厅通用软件并登录（账号密码与后台账号密码一致），打开设置界面，如图 8-52 所示。

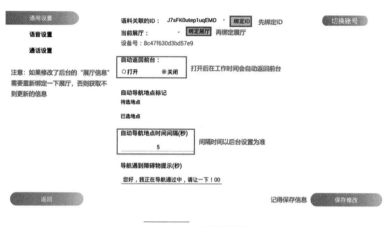

图 8-52 界面设置

通用设置主要用于关联后台的语料 ID 与需要使用的展厅。语音设置详情如图 8-53 所示。

图 8-53 语音设置

通话设置详情如图 8-54 所示。

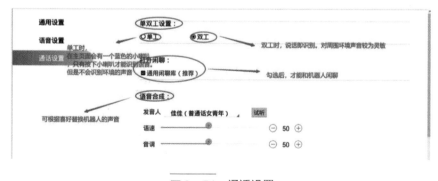

图 8-54 通话设置

最后，回到 App 主界面，如图 8-55 所示，此时就可以通过语音对话与机器人进行交互。

图 8-55　App 主界面

3. 项目三实验步骤

1）启动软件。双击启动上位机调试软件 RobotCtrl，如图 8-56 所示。界面中的舵机图标如同一个人形，人形中的每一个舵机与机器人身上的舵机一一对应，人形中左边是机器人面向自己时机器人的左边。RobotCtrl 包含连接管理、动作管理、调试管理、下载管理、基本操作、舵机控制窗口、动作组数据窗口。

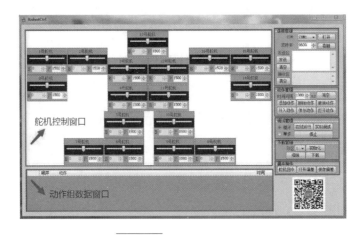

图 8-56　RobotCtrl 界面

2）软件使用说明。

①连接管理。上位机软件 RobotCtrl 与机器人主板采用串口通信的方式，波特率采用 9600，计算机安装好机器人主板串口驱动后，通过 USB 数据线连接到机器人主板 USB 口（可先通过鼠标右击桌面计算机图标，选择管理→设备管理器→端口命令，查看对应的端口号），然后单击连接管理中的刷新按钮，单击 COM 窗口，选择对应的端口号，并单击打开。发送区和接收区其实也就是一个串口调试工具的发送接收框，可发送接收数据。

②动作管理。时间间隔：一个动作完成的时间；清空：清空所有动作；添加动作：新增一个动作；删除动作：删除选中的动作；更新动作：修改并替换以前的动作；补入动作：在动作之间新建一个新的动作；保存动作：将当前动作组保存成文件；打开动作：打开动作文件，载入动作文件中的动作。

③调试管理。连接上机器人的 USB 口，单击连接管理中的刷新按键，然后选择对应的 COM 口，波特率默认设置为 9600，并单击打开。单击调试管理中的实时调试，就可以左右拖动每个舵机控制窗口中的进度条，从而控制相对应的舵机的角度。此时，对应的机器人舵机也会跟着左右转动，单击停止则停止实时调试。

将机器人的头部 13 号舵机控制窗口中的进度条拖到最左边，单击动作管理中的添加动作；然后将 13 号舵机控制窗口中的进度条拖到最右边，单击动作管理中的添加动作。下面的动作组数据框就会出现两行动作数据，如图 8 - 57 所示。

图 8 - 57　添加动作

选中循环，单击在线运行之后，就能运行这两个动作，与之相对应的是机器人在做左右摇头动作。单击停止则停止执行动作。

选中单步，单击在线运行之后，就只能运行选中的动作，与之相对应的现象就是机器人在做向左摇头动作。

④下载管理。完成上述简单动作的调试后，可以将上面所创造的动作下载下来。先单击下载管理中的擦除，然后单击下载，将动作组数据下载到外部 Flash 当中，如图 8 - 58 所示。完成下载之后，就可以进行脱机运行动作了。

图 8 - 58　下载管理

⑤基本操作。舵机回中：将所有舵机的 P 值调整到 1500；打开偏差：载入偏差文件，修改所有舵机控制框中的 B 值；保存偏差：将所有舵机控制框中的 B 值保存为文件。

⑥舵机控制窗口。图 8 - 59 所示为舵机控制窗口，每一个舵机控制窗口之中有两个值：B、P。进度条 P 可以随意拖动，P 表示舵机位置（默认为中位 1500）范围为 500 ~ 2500。B 表示舵机偏差（默认为 0），范围为 - 100 ~ 100，舵机偏差 B 值是为了方便同一套动作文件数据适用于不同的机器人，因为不同的机器人安装舵机时存在安装误差或者舵机内部传感器有微小误差。

图 8 - 59　舵机控制窗口

导入动作组中舵机位置的实时数值是 P + B。

例如：B = 50，P = 1500，那么实时下发的数值就是：P + B = 1550。

又如：B = −50，P = 1500，那么实时下发的数值就是：P + B = 1450。

这里的 B 的调节需通过双击开启，再双击关闭调节。如果 B = 50，P = 1500，实际向舵机发送的是 P1550，包含了修复舵机的偏差。每个舵机都有自己的一个舵机偏差 B，等调好 B 之后可保存为偏差文件，单击打开偏差文件可重新导入偏差参数。

⑦动作组数据窗口。动作组数据窗口主要用于显示当前一共有多少条动作命令，每条动作命令中具体包含的舵机序号和舵机角度数据，以及命令的执行时间，如图 8 − 60 所示。

顺序栏：依次记录动作命令数量。

动作栏：包含舵机序号信息和角度数据信息。

时间栏：每条命令的执行时间。

顺序	动作	时间
1	#0P1150#1P826#2P1500#3P1500#4P1714#5P2244#6P1550#7P1500#8P1500#9P1450#10P756#11P1310#12P1500#...	T800
2	#0P1150#1P826#2P1500#3P1500#4P779#5P700#6P756#7P1500#8P1500#9P2244#10P2300#11P2221#12P1500#13...	T1200
3	#0P1500#1P600#2P2314#3P1500#4P779#5P700#6P756#7P1500#8P1500#9P2244#10P2300#11P1500#12P1500#13...	T1000
4	#0P1500#1P600#2P2314#3P1500#4P550#5P700#6P700#7P1500#8P1500#9P2300#10P2300#11P2450#12P1500#13...	T1500
	#0P1500#1P600#2P2300#3P1500#4P1714#5P2244#6P1550#7P1500#8P1500#9P1450#10P756#11P1310#12P1500#...	T1500

图 8 − 60   动作组数据窗口

3）运行动作实验。

①在线模式运行动作。在线调试模式下，机器人将与上位机软件 RobotCtrl 连接，实现在线控制舵机、在线运行动作组以及在线下载动作组等功能。

锂电池一共有两个接口，充电接口和供电接口，如图 8 − 61 所示。将电池的供电接口与机器人的电源口相连接，连接时要注意方向，红线对红线，黑线对黑线。

开关朝左（朝两个黑丝热缩膜的方向）表示关，反之表示打开，如图 8 − 62 所示。打开电源开关后，不管机器人在上电之前是什么姿势，都将做出站立姿势，若姿势不对，关闭开关，重新打开开关，若机器人仍然保持一样的错误姿势，则表示机器人套机良好只是舵机安装有问题，将错误的关节舵机重新安装即可。注意：只有打开电源开关，电池供电了舵机才能正常工作。

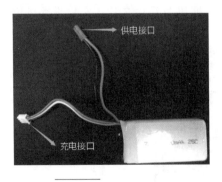

图 8 − 61   锂电池接口

图 8 − 62   机器人开关

通过 USB 数据线将计算机与机器人主板 USB 口连接（可先通过鼠标右击桌面计算机图标，选择管理→设备管理器→端口命令，查看对应的端口号），然后单击连接管理的刷新，单击 COM 窗口，选择对应的端口号，波特率默认设置为 9600，并单击打开。

单击动作管理的打开动作，在弹出的对话框中选择相应文件，单击调试管理的在线运行，机器人即可在线运行相应动作，如图 8-63 所示。

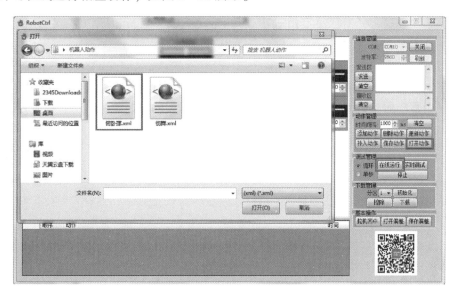

图8-63　动作管理

②脱机模式运行动作。脱机模式下，机器人将读取外部 Flash 中的数据，完成相应的动作组。

先执行在线模式运行动作的连接电池、打开电源、端口连接。再单击动作管理的打开动作，在弹出的对话框中选择俯卧撑文件，单击下载管理的擦除按钮，擦除 Flash，再把俯卧撑文件下载到外部 Flash 中。

在机器人主板上，用杜邦线把串口 3 中间两根排针连接上就是脱机模式，如图 8-64 所示，在主板电源开关断开后把杜邦线接上。注意在线调试模式时要把杜邦线拔掉。

打开机器人电源开关，机器人主板上电就会直接读取存储在 Flash 中的动作数据，运行相应动作。机器人执行完动作后，关掉电源开关。

当机器人在脱机模式下，需要用上位机软件在线调试机器人时，要把杜邦线拔掉，回到在线调试模式，再打开机器人电源开关，计算机通过 USB 数据线连接到机器人主板 USB 口，然后单击上位机连接管理的刷新，单击 COM 窗口，选择对应的端口号，波特率默认为 9600，并单击打开，就可用上位机软件在线调试机器人了。

图8-64　选择脱机模式

习　题

一、选择题

1. 与机器人的智能感知领域相关的技术模块有：（　　　）
   A. 语音识别　　　　　　B. 计算机视觉　　　　　　C. 智能传感器　　　　　　D. 智能控制

2. 机器人按照应用划分的领域有：(   )

    A. 工业机器人   B. 服务机器人   C. 特种机器人   D. 搬运机器人

3. 下列属于感知系统中的传感器的有：(   )

    A. 电机   B. 激光雷达   C. 红外热成像仪   D. 微控制器

二、思考题

1. 描述一下您心目中的智能机器人应该是什么样子的？它具有什么功能呢？

2. 请想象一个智能服务机器人的服务场景，并描述机器人的控制流程。

第 9 章
新一代人工智能的发展与思考

技能目标

学会结合具体案例分析当前人工智能发展趋势以及安全伦理问题。

知识目标

了解新一代人工智能技术与产业发展趋势；了解人工智能的安全、伦理和隐私。

素质目标

牢固树立制度自信，增强科学技术自我革新的信念，关注人工智能发展与人类
伦理道德的边界关系，了解国内人工智能的发展趋势及国家重大的政策导向及法规。

9.1　新一代人工智能发展趋势

9.1.1　人工智能产业生态

扫码看视频

对人工智能产业生态的划分有多种分类方法。在《人工智能标准化白皮书（2018）》中，
人工智能产业生态被分为核心业态、关联业态、衍生业态三个层次。

1. 核心业态

核心业态主要可分为智能基础设施、智能信息及数据、智能技术服务、智能产品等方面。
1）智能基础设施：智能芯片、智能传感器、分布式计算框架等。
2）智能信息及数据：数据采集、数据集分析、数据分析处理。
3）智能技术服务：技术平台、算法模型、整体解决方案、人工智能在线服务等。
4）智能产品：智能语音处理、计算机视觉、智能语音、生物特征识别、VR/AR 等。

2. 关联业态

关联业态主要有软件产品开发、信息技术咨询、电子信息服务、信息系统集成、互联网
信息服务、集成电路设计、电子计算机、电子元器件等。

3. 衍生业态

衍生业态主要有智能制造、智能家居、智能金融、智能教育、智能交通、智能安防、智
能医疗、智能物流等细分行业。

人工智能行业图谱如图 9 - 1 所示。

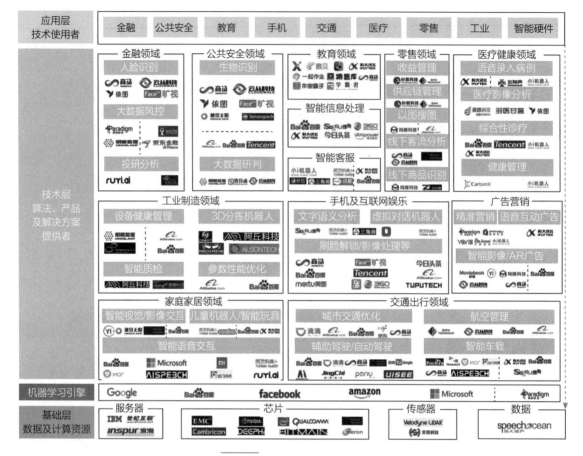

图 9-1　人工智能行业图谱

9.1.2　人工智能重点产业

人工智能重点产业主要包含三个方面：智能基础设施、智能技术、智能应用。

1. 智能基础设施

智能基础设施为人工智能产业提供计算能力支撑。其范围包括智能传感器、智能芯片。如果说智能芯片是人工智能的中枢大脑，那么智能传感器就属于分布在神经末梢的神经元。

1）智能传感器。国外的有霍尼韦尔、BOSCH、ABB；国内的有汇顶科技、昆仑海岸。

2）智能芯片。国外的有 NVIDIA 的 GPU、谷歌的 TPU、英特尔的 NNP 和 VPU、IBM 的 TrueNorth、ARM 的 DYnamIQ、高通的骁龙系列、Imagination 的 GPUPowerVR；国内的有华为海思的麒麟、寒武纪的 NPU、地平线的 BPU、西井科技的 deepsouth（深南）和 deepwell（深井）、云知声的 UniOne，阿里达摩院的 Ali-NPU。

2. 智能技术

智能技术主要关注如何构建人工智能的技术平台，并对外提供人工智能相关的服务。此类厂商在人工智能产业链中处于关键位置，依托基础设施的大量数据，为各类人工智能的应用提供关键性的技术、平台、解决方案和服务。主要的计算服务有机器视觉技术、语音技术、自然语言处理等。

1) 机器视觉技术。国外的有亚马逊、谷歌、微软、Facebook；国内的有百度、腾讯、阿里巴巴、商汤科技。

2) 智能语音技术。国外的有苹果的 Siri、微软 PC 端的 Cortana、微软移动端的小冰、谷歌的 GoogleNow、亚马逊的 Echo；国内的有小米的小爱同学、华为的小艺、百度的小度。

3) 自然语言处理。国外的有亚马逊、Facebook、谷歌；国内的有今日头条、百度翻译、有道翻译、科大讯飞。

3. 智能应用

智能应用是将人工智能领域的技术成果集成化、产品化。具体的分类有：智能机器人、智能运载工具、智能终端、自然语言处理、计算机视觉、生物特征识别、VR/AR、人机交互等相关技术。智能应用的分类及典型产品见表 9-1。

表 9-1 智能应用的分类及典型产品

分类		典型产品	
智能机器人	工业机器人	焊接机器人、喷涂机器人、搬运机器人、装配机器人等	
	个人/家用服务机器人	家政服务机器人、教育娱乐服务机器人、养老助残服务机器人等	
	公共服务机器人	酒店服务机器人、银行服务机器人等	
	特种机器人	特征极限机器人、农业机器人、水下机器人、军用和警用机器人、石油机器人等	
智能运载工具		自动驾驶汽车	
		轨道交通	
	无人机		无人直升机
智能终端		智能手机	
		车载智能终端	
		智能穿戴终端	
自然语言处理		机器翻译	
		机器阅读理解	
		智能搜索	
		问答系统	
计算机视觉		图像分析仪	
		视频监控系统	
生物特征识别		指纹识别系统	
		人脸识别系统	
		虹膜识别系统	
		指静脉识别系统	
		DNA、步态、掌纹、声纹等识别系统	
VR/AR		PC 端 VR、一体机 VR、移动端头显设备	
人机交互		情感交互	
		体感交互	
	语音交互	语音助手、智能客服、个人助理	
		脑机交互	

9.1.3　新一代人工智能技术发展趋势

关于人工智能发展的阶段，科大讯飞在2014年提出了一个人工智能发展的框架体系，该体系认为人工智能发展分为三个阶段。第一个阶段：计算智能阶段，此阶段计算机具备像人一样的计算的能力。像阿尔法狗的出现，就是计算机在这个运算能力上的一些突破。第二个阶段：感知智能阶段。这个阶段机器具备像人一样能听会说、能看会认的能力。比如说讯飞输入法，它达到了98%的准确率。讯飞听见会议系统，也达到95%的准确率。此外，在图像识别的各个领域，机器也已经有了巨大的进展，比如人脸识别、医学图像识别。第三个阶段：认知智能。认知智能就是机器具备像人一样能理解会思考的能力，在这个领域上，不论中国还是美国，仍处在初期发展阶段。我们在人工智能的认知方面，还有一段很长的路要走。

目前，人工智能经过六十多年的发展，在算法、算力和算料三方面取得了重要突破，正处于从不能用到可以用的技术拐点。在可以预见的未来，人工智能发展的趋势主要有以下三个趋势。

1）技术平台开源化，通过开源技术建立产业生态，是抢占产业制高点的重要手段。

2）专用智能通向智能发展。目前专用智能机器人已经超越人类。通用人工智能具备执行一般智慧行为的能力，可以将人工智能与感知、知识、意识和直觉等人类的特征互相连接，减少对领域知识的依赖性，提高任务处理的普适性。

3）智能感知向智能认知方向迈进，人工智能的发展阶段：运算智能、感知智能、认知智能。认知智能是具有自主的思考能力。

从人工智能产业进程来看，技术突破是推动产业升级的核心驱动力。数据资源、运算能力、核心算法共同发展，掀起人工智能第三次新浪潮。人工智能产业正处于从感知智能向认知智能的进阶阶段。前者涉及的智能语音、计算机视觉及自然语言处理等技术已经具有大规模应用基础，但后者要求的机器人要像人一样去思考及主动行动尚未突破。诸如无人驾驶、全自动智能机器人等仍处于开发之中，与大规模应用仍有一定的距离。

9.1.4　新一代人工智能产业发展趋势

未来，随着人工智能技术不断发展，人工智能产业将得到快速发展。

首先，智能服务将呈现线下和线上的无缝结合，如图9-2所示。

其次，智能化应用场景从单一向多元发展。当前，人脸识别、视频监控、语音识别的技术已经相对成熟。未来，智能家居、智慧城市、无人驾驶会逐步进入人们的生活，人工智能的发展将会使我们的生活更加便捷。智能化应用场景发展趋势如图9-3所示。

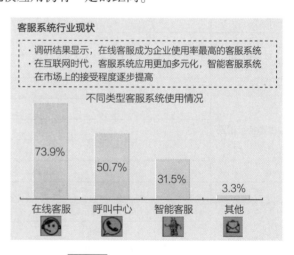

图9-2　客服系统行业现状

图 9-3　智能化应用场景发展趋势

9.2　人工智能的安全、伦理和隐私

9.2.1　人工智能带来的冲击和担忧

在最强大脑节目中植入百度大脑的小度机器人，借助人脸识别技术与深度学习能力，战胜了世界记忆大师王峰。在机智过人节目中，机器人小兵一首早春让多少人汗颜。谷歌研发的人工智能阿尔法狗接连击败了围棋高手李世石、柯洁，登上了人类智力游戏的顶峰。人工智能的超凡表现让我们惊叹不已。现实生活中的人工智能带给我们的除了服务，还有的就是惊叹。

文学电影则在惊叹之余带给我们对人工智能的担忧和思考。电影《我，机器人》讲述了一个自己解开了控制密码的机器人，谋杀了工程师阿尔弗莱德兰宁博士。电影《人工智能》中，被做出来成为他儿子替代品的大卫，拥有和人类儿童一样的情感。电影《银翼杀手》中描写了一群与具有人类智能和感觉的复制人，冒险骑劫太空船回到地球的故事。还有近年来著名的终结者、钢铁侠、变形金刚系列等，无不融入了人工智能元素。

艺术源于生活，但高于生活。科幻电影中的忧虑，可在生活中找到缩影。从日益普及的智能手机、智能电视以及一系列的智能家电，到现在的自动驾驶汽车、地铁和飞机，人工智能小到家庭，大到国家，已经与人们的生活息息相关了。人工智能在给人类社会带来便利的同时，也带来了一些可看得见的切身问题。这些问题主要表现在两个方面：安全和伦理。

9.2.2　人工智能安全与伦理问题

原子弹爆炸之后，科技的先天缺陷日益凸显。自毁因素不断累增，使我们必须认真对待科技带来的风险。人工智能引发的安全问题主要有以下四个方面。

第一方面：技术滥用引发的安全威胁。

第二方面：技术缺陷导致的安全问题。

第三方面：管理的缺陷导致的安全威胁。

第四方面：未来的超级智能引发的安全担忧。

2016 年，欧盟提议将机器人的身份定位为电子人。2017 年，沙特阿拉伯授予机器人索菲亚公民身份。随着人工智能的发展，人工智能将深入我们的生活，并且极大地影响我们的生活。人和机器人之间如何相处，我们该如何对待机器人，这涉及一系列伦理道德法律问题。这些问题归纳起来主要有：人权伦理问题、责任伦理问题、隐私伦理问题、偏见伦理问题等。

1. 人权伦理问题

机器人被赋予人权，我们该如何与他们相处呢？是将他们看作冰冷冷的机器，还是将他们看作另一种"人"呢？机器人索菲亚已经在沙特阿拉伯获得了公民身份，成了历史上首个获得公民身份的机器人。

2. 责任伦理问题

人工智能算法模型的复杂性，易导致结果不确定性；当人工智能产品能够替代人类进行一系列的社会工作，那么在其与人类共同生活工作的过程中发生过错应该由谁来承担责任呢？是使用者自己，还是生产者或人工智能产品来承担呢？

3. 隐私伦理问题

在人工智能时代，随着人工智能技术与大数据技术、互联网、物联网技术相融合，人变得越来越透明，个人信息更容易在不知情、不正当的情况下被泄露或被窃取，人变得毫无隐私可言。

4. 偏见伦理问题

偏见是人工智能科技面临的一个挑战，主要是指算法偏见，指在看似没有恶意的程序设计中带着创建者的偏见，或者所采用的数据是带有偏见的。

美国麻省理工学院媒体实验室开发出一个精神变态的 AI 诺曼。他持续接受 reddit 论坛最黑暗角落数据的训练。在一组实验中，当被问及相关图片显示内容的时候，诺曼回答的结果与真实的答案相去甚远，并且还包含了许多偏激的内容。诺曼要告诉大家的是，用来训练 AI 的数据会影响 AI 的思想，甚至 AI 的行动。如果生活中的 AI 被输入了带偏见的数据，那么它也会变得偏见。AI 诺曼实验结果如图 9-4 所示。

a）
诺曼：一名男子被电击致死；
其他AI：一群鸟儿坐在树枝上。

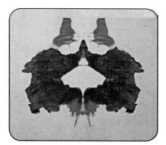
b）
诺曼：一名男子被枪杀；
其他AI：花瓶与花的特定。

c）
诺曼：一名男子车祸身亡；
其他AI：美味的婚礼蛋糕。

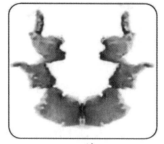
d）
诺曼：一名男子在光天化日下被机枪射杀；
其他AI：棒球手套的黑白照。

图9-4　AI诺曼实验结果

9.2.3　人工智能的伦理法则

快速发展的人工智能技术，让社会对其前景产生了种种迷惑与担忧。人工智能与人类相比具有更强大的工作能力，更富有逻辑的思考，更精密的计算，有可能会脱离甚至取代人类的掌控。带来违背人类初衷的后果。人机如何相处？美国作家艾萨克·阿西莫夫在 1950 年出版了科幻小说《我，机器人》中最早提出机器人三大法则。

1. 机器人学定律与原则

第一定律：机器人不得伤害人类个体，或者目睹人类个体将遭受危险而袖手不管。

第二定律：机器人必须服从人给予它的命令，当该命令与第一定律冲突时例外。

第三定律：机器人在不违反第一、第二定律的情况下要尽可能保护自己的生存。

元原则：机器人不得实施行为，除非该行为符合机器人原则。

第零原则：机器人不得伤害人类整体，或者因不作为致使人类整体受到伤害。

2. 欧盟 AI 道德准则

福祉原则："向善"，AI 系统应该用于改善个人和集体福祉。

不作恶原则："无害"，AI 系统不应该伤害人类。

自治原则："保护人类能动性"，AI 发展中的人类自治意味着人类不从属于 AI 系统也不应受到 AI 系统的胁迫。人类与 AI 系统互动时必须保持充分有效的自我决定权。

公正原则："确保公平"，公正原则是指在 AI 系统的开发、使用和管理过程中要确保公平。

可解释性原则："透明运行"，透明性是能让公众建立并维持对 AI 系统和开发人员信任的关键。

3. 我国专家提出 AI 伦理原则

AI 的最高原则是安全可控；

AI 的创新愿景是促进人类更平等地获取技术和能力；

AI 的存在价值是教人学习、让人成长，而非超越人、替代人；

AI 的终极理想是为了人类带来更多自由和可能。

9.2.4　小结

本节主要了解到人工智能在某些方面已经超越了人类，而电影文学则表达了人类对人工智能的忧虑和期待。人类对人工智能的态度是矛盾的：一方面希望人工智能能为我们的生活生产服务，另外一方面担心人工智能不受人类控制，甚至超越人类。然后探讨了人工智能的安全问题和伦理问题，特别是迫在眉睫的安全问题，需要认真思考和对待。然后了解到：为了掌控人工智能技术，世界各国制定了各种人工智能的安全伦理规则，主要有最早的"机器人学三大法则""欧盟五项原则"和"AI 伦理四原则"。

习　题

一、选择题

1. （多选）《人工智能标准化白皮书（2018）》中对于人工智能产业生态进行了划分，主要包含哪几个层次：（　　　）
   A. 核心业态　　　　　B. 关联业态　　　　　C. 衍生业态　　　　　D. 标准业态

2. （多选）智能应用是指将人工智能领域的技术成果：（　　　）
   A. 集成化　　　　　　B. 产品化　　　　　　C. 商品化　　　　　　D. 规范化

3. （多选）人工智能的发展阶段主要可以分为：（　　　）
   A. 运算智能　　　　　B. 感知智能　　　　　C. 认知智能　　　　　D. 逻辑智能

4. 拥有百度大脑的"小度"机器人，在哪个领域战胜了世界记忆大师王峰？（　　　）
   A. 语音识别　　　　　B. 人脸识别　　　　　C. 语义判断

5. （多选）人工智能在给人类社会带来便利的同时，也带来一些可看得见的问题，主要表现在哪些方面：（　　　）
   A. 安全问题　　　　　B. 伦理问题　　　　　C. 可靠性问题　　　　D. 干扰性问题

6. （多选）人工智能的伦理问题主要包括：（　　　）
   A. 人权伦理问题　　　B. 责任伦理问题　　　C. 隐私伦理问题　　　D. 偏见伦理问题

二、思考题

1. 简述当前人工智能发展趋势。
2. 浅析人工智能的安全隐患和伦理问题。

参 考 文 献

[1] 戴华，王勇智，周小强. 人工智能导论课程的综合教学改革方法探索 [J]. 课程教育研究，2018 (43)：250.

[2] 赫磊，邵展鹏，张剑华，等. 基于深度学习的行为识别算法综述 [J]. 计算机科学，2020 (S1)：139－147.

[3] 张波. 数字图像处理技术的发展及应用 [J]. 品牌：理论月刊，2011 (Z2)：158.

[4] 甄栋志，朱永伟，苏楠，等. 基于计算机视觉对目标识别检测的研究 [J]. 机械工程与自动化，2014 (01)：129－130.

[5] SZELISKI R. 计算机视觉：算法与应用 [M]. 艾海舟，兴军亮，译. 北京：清华大学出版社，2012.

[6] NIXON M S, AGUADO A S. 特征提取与图像处理 [M]. 杨高波，李实英，译. 3 版. 北京：电子工业出版社，2014.

[7] 徐德，谭民，李原. 机器人视觉测量与控制 [M]. 3 版. 北京：国防工业出版社，2016.

[8] 吴玉佳. 融合全局和局部特征的文本分类方法研究 [D]. 武汉：武汉大学，2020.

[9] 郭喜跃，何婷婷. 信息抽取研究综述 [J]. 计算机科学，2015，42 (02)：14－17，38.

[10] 景丽，何婷婷. 基于改进 TF－IDF 和 ABLCNN 的中文文本分类模型 [J]. 计算机科学，2021，48 (z2)：170－175，190.

[11] 刘文锋. 基于表示学习和依存句法的自动文本摘要方法研究 [D]. 济南：山东师范大学，2020.

[12] 汪敏. 基于跨模态语义关系的图像生成关键技术研究 [D]. 北京：北京交通大学，2021.

[13] 刘庆霞. 基于语义网的实体摘要方法研究 [D]. 南京：南京大学，2020.

[14] 张雪英. 数字语音处理及 MATLAB 仿真 [M]. 北京：电子工业出版社，2010.

[15] 贾建华. 语音合成及语音处理 [D]. 长沙：中南大学，2002.

[16] RABINER L R, SCHAFER R W. 数字语音处理理论与应用 [M]. 刘加，张卫强，何亮，等译. 北京：电子工业出版社，2016.

[17] 王作英，肖熙. 基于段长分布的 HMM 语音识别模型 [J]. 电子学报，2004，32 (1)：46－49.

[18] 王山海，景新幸，杨海燕. 基于深度学习神经网络的孤立词语音识别的研究 [J]. 计算机应用研究，2015，32 (8)：4.

[19] 张建华. 基于深度学习的语音识别应用研究 [D]. 北京：北京邮电大学，2015.

[20] 包亚萍，郑骏，武晓光. 基于 HMM 和遗传神经网络的语音识别系统 [J]. 计算机工程与科学，2011，33 (4)：139－144.

[21] 禹琳琳. 语音识别技术及应用综述 [J]. 现代电子技术，2013，36 (13)：51－53.

[22] 王一蒙. 语音识别关键技术研究 [D]. 成都：电子科技大学，2015.

[23] 秦楚雄，张连海. 基于 DNN 的低资源语音识别特征提取技术 [J]. 自动化学报，2017，43 (7)：12.

[24] 林子雨. 大数据技术原理与应用 [M]. 北京: 人民邮电出版社, 2021.

[25] 杨忠明. 人工智能应用导论 [M]. 西安: 西安电子科技大学出版社, 2019.

[26] 聂明. 人工智能技术应用导论 [M]. 北京: 电子工业出版社, 2019.

[27] 林大贵. Hadoop + Spark 大数据巨量分析与机器学习整合开发实战 [M]. 北京: 清华大学出版社, 2017.

[28] 黑马程序员. Hadoop 大数据技术原理与应用 [M]. 北京: 清华大学出版社, 2019.